应用型本科 电气工程及自动化专业"十三五"规划教材

# 组态软件实用技术教程

刘忠超　张　燕　尉乔南　编著

翟天嵩　主审

西安电子科技大学出版社

# 内容简介

本书由浅入深地介绍了 iFIX 组态软件的功能和使用方法,注重实例讲解,强调应用。全书共分为 7 章,分别介绍了组态软件的基础知识,iFIX 的配置及驱动器安装,画面的组态,数据库的使用,报警、调度及报表功能的使用等。书中重点讲解操作步骤,并配以图片,做到图文并茂,实用性强,便于读者阅读学习。

本书可作为高等院校自动化、电气工程及其自动化、检测技术及仪表、机电一体化等相关专业的本科生教材,也可作为组态软件自学教材或培训教材,以及从事工控应用开发工作的工程技术人员的参考书。

**图书在版编目(CIP)数据**

**组态软件实用技术教程**/刘忠超,张燕,尉乔南编著. —西安:西安电子科技大学出版社,2016.8

应用型本科电气工程及自动化专业"十三五"规划素材

ISBN 978 - 7 - 5606 - 4134 - 8

Ⅰ. ① 组…  Ⅱ. ① 刘… ② 张… ③ 尉…  Ⅲ. ① 软件开发—高等学校—教材  Ⅳ. ① TP311.52

**中国版本图书馆 CIP 数据核字(2016)第 150917 号**

策划编辑　陈　婷
责任编辑　陈　婷　王　静
出版发行　西安电子科技大学出版社(西安市太白南路 2 号)
电　　话　(029)88242885　88201467　　邮　编　710071
网　　址　www.xduph.com　　电子邮箱　xdupfxb001@163.com
经　　销　新华书店
印刷单位　陕西天意印务有限责任公司
版　　次　2016 年 8 月第 1 版　2016 年 8 月第 1 次印刷
开　　本　787 毫米×1092 毫米　1/16　印张　16.5
字　　数　388 千字
印　　数　1—3000 册
定　　价　29.00 元
ISBN 978 - 5606 - 4134 - 8/TP
**XDUP　4426001 - 1**

# 前　言

伴随着分布式控制系统的出现,组态软件走进工业自动化应用领域,并逐渐发展成为独立的自动化应用软件。它是自动化控制系统的重要组成部分。iFIX 是 GE 智能平台提供的自动化硬件和软件的解决方案,应用于生产操作过程可视化、数据采集和数据监控。

本书以 iFIX 为主要对象,从工程应用的角度出发,介绍组态软件的相关知识和应用技术。书中突出应用性和实践性,通过通俗易懂的语言和大量的实验案例以及真实的工程实例帮助读者将学习和实践融会贯通。全书共分为 7 章,第 1 章介绍了组态软件的相关基础知识;第 2 章主要介绍 iFIX 的配置以及驱动器的安装;第 3 章介绍了 iFIX 画面的设计和配置,重点介绍了动态画面的设计;第 4 章主要介绍了 iFIX 数据库的使用方法;第 5 章重点讲解了 iFIX 的报警、调度以及报表功能的使用;第 6 章通过具体的工程实例讲解了 iFIX 的工程应用技术;第 7 章给出了一些实验设计,可供教师参考选用。

本书由南阳理工学院刘忠超、张燕和尉乔南老师共同编著,其中,刘忠超、张燕任主编,尉乔南任副主编。张燕编写了第 1 章、第 6 章和第 7 章,刘忠超编写了第 2 章、第 3 章,尉乔南编写了第 4 章、第 5 章。刘忠超负责本书的结构和组织安排,并对全书进行了整理和统稿。

本书由南阳理工学院电子学院翟天嵩教授主审,在此表示衷心的感谢!

本书有相应的配套电子课件和相关素材,读者如果需要请发电子邮件 liuzhongchao2008@sina.com 联系索取。

由于编者水平有限,书中难免有疏漏和不足之处,恳请广大读者批评指正。

编　者

2016 年 3 月

# 目　　录

# 第 1 章　组态软件概述

组态软件，又称组态监控系统软件，是指数据采集与过程控制的专用软件，也是指在自动控制系统监控层一级的软件平台和开发环境。这些软件实际上也是一种通过灵活的组态方式，为用户提供快速构建工业自动控制系统监控功能的、通用层次的软件工具。组态软件广泛应用于机械、汽车、石油、化工、造纸、水处理以及过程控制等诸多领域。本章主要介绍了组态软件的概念、功能特点以及 iFIX 组态软件的结构和安装。

## 1.1　组态软件的产生与定义

### 1.1.1　组态软件的产生

20 世纪 40 年代，大多数工业生产过程还处于手工操作状态，人们主要凭经验、用手工方式去控制生产过程，生产过程中的关键参数靠人工观察，生产过程中的操作也靠人工去执行，劳动生产率很低。

20 世纪 50 年代前后，一些工厂、企业的生产过程实现了仪表化和局部自动化。那时，生产过程中的关键参数普遍采用基地式仪表和部分单元组合仪表（多数为气动仪表）等进行显示。进入 20 世纪 60 年代，随着工业生产和电子技术的不断发展，人们开始大量采用气动、电动单元组合仪表甚至组装仪表，对关键参数进行指示，计算机控制系统开始应用于过程控制，实现直接数字控制和设定值控制等。

20 世纪 70 年代，随着计算机的开发、应用和普及，对全厂或整个工艺流程的集中控制成为可能，集散型控制系统(Distributed Control System，DCS)随即问世。集散型控制系统是把自动化技术、计算机技术、通信技术、故障诊断技术、冗余技术和图形显示技术融为一体的装置。"组态"的概念就是伴随着集散型控制系统的出现走进工业自动化应用领域，并开始被广大的生产过程自动化技术人员所熟知的。

组态软件自 20 世纪 80 年代初期诞生至今已经有三十多年的发展历程。早期的组态软件大都运行在 DOS 环境下，其特点是具有简单的人机界面、图库和绘图工具箱等基本功能，图形界面的可视化功能不是很强大。随着微软 Windows 操作系统的发展和普及，Windows 下的组态软件成为主流。

目前，世界上有不少专业厂商生产和提供各种组态软件产品，市面上的软件产品种类繁多，各有所长，应根据实际工程需要加以选择。组态软件国产化的产品近年来比较出名的有组态王、世纪星、力控、MCGS、易控等，国外主要产品有美国 Wonderware 公司的 InTouch、美国 GE Fanuc 智能设备公司的 iFIX、德国西门子公司的 Win CC 等。下面简单介绍几种典型的组态软件。

### 1. Win CC

Win CC(Windows Control Center,视窗控制中心),是德国西门子公司开发的一套完备的组态开发软件。Win CC 监控系统可以运行在 Windows 操作系统下,使用方便,具有生动友好的用户界面,还能链接到别的 Windows 应用程序(如 Microsoft Excel 等)。Win CC 是一个开放的集成系统,既可独立使用,也可集成到复杂、广泛的自动控制系统中使用。其内嵌的 OPC 技术,可对分布式系统进行组态。Win CC 对西门子的设备提供完善支持,多数时候配套西门子硬件设备使用,而在非西门子设备中使用量较少。

### 2. 力控

北京三维力控科技有限公司的力控(Force Control)组态软件是国内出现较早的组态软件之一,具有一定的市场占有率。公司产品主要有力控通用版和电力版,适用于不同领域,并且功能丰富,实用性和易用性都比较好。

### 3. 组态王

组态王(King View)软件是国内具有自主知识产权、市场占有率高、影响比较大的组态软件。该组态软件提供了资源管理器式的操作主界面,使用方便,操作灵活。组态王软件还提供了多种硬件驱动程序,支持众多的硬件设备。其应用领域几乎囊括了大多数行业的工业控制,已广泛应用于化工、电力、邮电通信、环保、水处理、冶金和食品等行业。

### 4. InTouch

美国 Wonderware 的 InTouch 软件是最早进入我国的组态软件,销售额仅次于 iFIX。最新的 InTouch 7.0 版已经完全基于 32 位的 Windows 平台,并且提供了 OPC 支持。InTouch软件的图形功能比较丰富,使用比较方便,其 I/O 硬件驱动丰富,工作稳定,在国内市场也普遍受到欢迎。

### 5. iFIX

iFIX 是国内最成功的组态软件品牌,销售额连续多年第一。其主要优势在于以下几点:品牌知名度高,已经在用户心中形成事实上的最好品牌;系统稳定,技术先进,支持VBA 脚本,产品技术含量在所有组态软件中最高;产品结构合理,系统开放性强,其 I/O驱动直接支持 OPC 接口;文档完备,驱动丰富。但是其产品也有几个明显缺点:产品价格偏高,主要是国内的一些代理商负责市场销售,技术支持和服务能力比较差。

表 1-1 列出了市场上的主要组态软件产品。

**表 1-1　主要组态软件产品名称及产地**

| 公司名称 | 产品名称 | 产　地 |
| --- | --- | --- |
| Wonderware | InTouch | 美国 |
| GE | FIX、iFIX | 美国 |
| Citect | Citect | 澳大利亚 |
| Rockwell | RSView32 | 美国 |
| 亚控 | 组态王 | 中国 |
| 三维力控科技 | 力控 | 中国 |
| 昆仑通态 | MCGS | 中国 |
| 杰控 | FameView | 中国 |

续表

| 公司名称 | 产品名称 | 产　地 |
| --- | --- | --- |
| 紫金桥 | Real | 中国 |
| 世纪长秋 | 世纪星 | 中国 |
| 华富图灵开物 | ControX | 中国 |
| 九思易 | INSPEC | 中国 |
| 研华 | Genie | 中国台湾 |

## 1.1.2　组态软件的定义

组态软件是一种面向工业自动化的通用数据采集和监控软件，即 SCADA(Supervisory Control And Data Acquisition)软件，亦称人机界面或 HMI(Human Machine Interface)软件，在国内通常称为"组态软件"。

"组态"的含义是设置、配置，是指操作人员使用软件工具，根据用户需求及控制任务的要求，对计算机资源进行组合以达到应用的目的。组态过程可以看做是配置用户应用软件的过程，在这个过程中，软件提供了各种"零部件"模块供用户选择，采用非编程的"搭积木"操作方式，通过参数填写、图形连接和文件生成等方法，组合各功能模块，构成用户应用软件。控制工程师可以在不必了解计算机的硬件和程序的情况下，把主要精力放在控制对象和算法上，而不是形形色色的通信协议和复杂的图形处理上。有时也称此"组态"过程为"二次开发"，组态软件就称为"二次开发平台"。

组态软件能够实现对自动化过程和装备的监视和控制。它能从自动化过程和装备中采集各种信息，并将信息以图形等易于理解的方式显示，还可以将重要的信息以各种手段传送给相关人员，对信息执行必要的分析处理和存储，发出控制指令等。

组态软件既可以完成对小型自动化设备的集中监控，也能由互相联网的多台计算机完成复杂的大型分布式监控，还可以和工厂的管理信息有机整合起来，实现工厂的综合自动化和信息化。

组态软件从总体结构上看一般由系统开发环境(组态环境)和系统运行环境两大部分组成。系统开发环境和系统运行环境之间的联系纽带是实时数据库，三者之间的关系如图 1-1 所示。

图 1-1　系统组态环境、运行环境和实时数据库的关系示意图

系统开发环境是自动化工程设计师为实施其控制方案，在组态软件的支持下进行应用系统的生成工作所必须依赖的工作环境。设计师在这个环境下通过建立一系列用户数据文件，生成最终的图形目标应用系统，供系统运行环境运行时使用。系统开发环境由若干个组态程序组成，比如图形界面组态程序、实时数据库组态程序等。

系统运行环境是将目标应用程序装入计算机内存并投入实时运行时使用的，直接针对的是现场操作。系统运行环境由若干个运行程序组成，比如图形界面运行程序、实时数据库运行程序等。

# 1.2　组态软件的功能特点

## 1.2.1　组态软件的功能

作为通用的监控软件，所有的组态软件都能提供对工业自动化系统进行监视、控制、管理和集成等一系列的功能，同时也为用户实现这些功能的组态过程提供了丰富和易于使用的手段和工具。利用组态软件，可以完成的常见功能有：

（1）读、写不同类型的 PLC、仪表、智能模块和板卡，采集工业现场的各种信号，对工业现场进行监视和控制。

（2）以图形和动画等直观的方式呈现工业现场信息。

（3）将控制系统中的紧急工况（如报警等）及时通知相关人员，使之及时掌控自动化系统的运行状况。

（4）对工业现场的数据进行逻辑运算和数字运算等处理，并将结果返回给控制系统。

（5）对从控制系统得到的以及自身产生的数据进行记录和存储。

（6）将工程运行的状况、实时数据、历史数据、警告和外部数据库中的数据以及统计运算结果制作成报表，供运行和管理人员参考。

（7）提供多种手段让用户编写自己需要的特定功能，并将其与组态软件集成为一个整体去运行。大部分组态软件通过 C 脚本、VBS 脚本等来完成此功能。

（8）为其他应用软件提供数据，也可以接收数据，从而将不同的系统关联和整合在一起。

（9）多个组态软件之间可以互相联系，提供客户端和服务器架构，通过网络实现分布式监控和复杂的大系统监控。

（10）将控制系统中的实时信息送入管理信息系统；也可以反之，即接收来自管理系统的管理数据，根据需要干预生产现场或过程。

（11）对工程的运行实现安全级别、用户级别的管理设置。

（12）开发面向国际市场的、能适应多种语言界面的监控系统，实现工程在不同语言之间的自由灵活切换，是机电自动化和系统工程服务走向国际市场的有力武器。

（13）通过因特网发布监控系统的数据，实现远程监控。

## 1.2.2　组态软件的特点

组态软件是数据采集与过程控制的专用软件，是自动控制系统监控层一级的软件平台和开发环境，能以灵活多样的组态方式（而不是编程方式）提供良好的用户开发界面，其预设的各种软件模块可以非常容易地实现和完成监控层的各项功能，并能同时支持各种硬件厂家的计算机和 I/O 产品。组态软件与工控计算机和网络系统结合，可向控制层和管理层提供软、硬件的全部接口，进行系统集成。概括起来，组态软件主要有如下特点：

（1）延续性和可扩充性。当现场（包括硬件设备或系统结构）或用户需求发生改变时，用通用组态软件开发的应用程序不需作很多修改即可方便地完成软件的更新和升级。

（2）封装性（易学易用）。通用组态软件所能完成的功能都用一种方便用户使用的方法包装起来，用户不需掌握太多的编程语言技术（甚至不需要编程技术），就能很好地完成一个复杂工程所要求的所有功能。

（3）通用性。每个用户根据工程实际情况，利用通用组态软件提供的底层设备（PLC、智能仪表、智能模块、板卡、变频器等）的 I/O 驱动器、开放式的数据库和画面制作工具，就能完成一个具有动画效果、实时数据处理、历史数据和曲线并存、具有多媒体功能和网络功能的工程，不受行业限制。

（4）实时多任务。组态软件开发的项目中，数据采集与输出、数据处理与算法实现、图形显示及人机对话、实时数据的存储和检索管理、实时通信等多个任务可在同一台计算机上同时运行。

组态控制技术是计算机控制技术发展的结果，采用组态控制技术的计算机控制系统最大的特点是从硬件到软件开发都具有组态性，因此提高了系统的可靠性和开发速率，降低了开发难度，而且组态软件的可视性和图形化管理功能也为生产管理与维护提供了方便。

### 1.2.3　组态软件的发展趋势

随着信息技术的不断发展和控制系统要求的不断提高，组态软件的发展也向着更高层次和更广范围发展，其发展趋势表现在以下三个方面：

（1）集成化、定制化。从软件规模上看，现有的大多数监控组态软件的代码规模超过100 万行，已经不属于小型软件的范畴了。从其功能来看，数据的加工与处理、数据管理、统计分析等功能越来越强。监控组态软件作为通用软件平台，具有很大的使用灵活性，但实际上很多用户需要"傻瓜"式的应用软件，即只需要很少的定制工作量即可完成工程应用。为了既照顾"通用"又兼顾"专用"，监控组态软件拓展了大量的组件，用于完成特定的功能，如批次管理、事故追忆、温控曲线、协议转发组件、ODBCRouter、ADO 曲线、专家报表、万能报表组件、事件管理、GPRS 透明传输组件等。

（2）功能向上、向下延伸。组态软件处于监控系统的中间位置，向上、向下均具有比较完整的接口，因此对上、下应用系统的渗透也是组态软件的一种发展趋势。向上具体表现为其管理功能日渐强大，在实时数据库及其管理系统的配合下，具有部分 MIS、MES 或调度功能，尤以报警管理与检索、历史数据检索、操作日志管理、复杂报表等功能较为常见。向下具体表现为日益具备网络管理（或节点管理）功能、软 PLC 与嵌入式控制功能，以及同时具备 OPC Server 和 OPC Client 等功能。

（3）监控、管理范围及应用领域扩大。只要同时涉及实时数据通信（无论是双向还是单向）、实时动态图形界面显示、必要的数据处理、历史数据存储及显示，就存在对组态软件的潜在需求。

# 1.3　iFIX 组态软件介绍

### 1.3.1　iFIX 软件介绍

iFIX 是一套工业自动化软件，它将为用户提供一个"进入生产过程的窗口"，即提供实时数据给操作人员以及软件应用。iFIX 的前身是 FIX，是 Intellution 公司的起家软件，其全称是 Fully-Integrated Control System(全集成控制系统)。这里的"X"其实没有什么意义,只是为了凑成一个响亮好念的名字。1984 年在德克萨斯州休斯敦的 ISA 展览中,在自动扶梯下的一个 10 英尺×10 英尺的展台里,Intellution 公司总裁 Steve Rubin 和他的两个工程师 Al Chisholm 和 Jim Welch 这样介绍 FIX:全集成控制系统,世界上第一个可配置的基于 PC 的 HMI / SCADA 软件程序。

FIX 6.x 软件提供工控人员熟悉的概念和操作界面,并提供完备的驱动程序(需单独购买)。Intellution 将自己最新的产品系列命名为 iFIX。在 iFIX 中,Intellution 提供了强大的组态功能,但新版本与以往的 6.x 版本并不完全兼容,其中,原有的 Script 语言改为 VBA(Visual Basic for Application),并且在内部集成了微软的 VBA 开发环境。遗憾的是,Intellution 并没有提供 6.1 版脚本语言到 VBA 的转换工具。在 iFIX 中,Intellution 的产品与 Microsoft 的操作系统、网络进行了紧密的集成。Intellution 也是 OPC(OLE for Process Control)组织的发起成员之一。iFIX 的 OPC 组件和驱动程序同样需要单独购买。表 1 - 2 给出了 iFIX 的各种版本信息。

表 1 - 2　iFIX 的各种版本

| 版本号 | 支持语言 | 支持操作系统 |
| --- | --- | --- |
| iFIX 1.0 | 英文版 | Win NT |
| iFIX 2.1 | 英文版 | Win NT |
| iFIX 2.2 | 英文版 | Win NT |
| iFIX 2.5 | 英文版 | Win NT /2000 |
| iFIX 2.6 | 英文/中文版 | Win NT /2000 |
| iFIX 3.0 | 英文/中文版 | Win NT /2000/XP |
| iFIX 3.5 | 英文/中文版 | Win NT /2000/XP/2003 |
| iFIX 4.0 | 英文/中文版 | Win 2000/XP/2003 |
| iFIX 4.5 | 英文/中文版 | Win 2000/XP /2003/2008/Vista |
| iFIX 5.0 | 英文/中文版 | Win 2000/XP/2003/2008/Vista/7 |
| iFIX 5.1 | 英文/中文版 | Win 2000/XP/2003/2008/Vista/7 |
| iFIX 5.1VOW | 英文/中文版 | Win 7 64 位系统 |
| iFIX 5.5 | 英文/中文版 | Win 8 64 位系统 |
| FIX 7.0C 中文版 | 中文版 | Win 98/NT/2000 |
| FIX 7.0 英文版 | 英文版 | Win 98/NT/2000 |

## 1.3.2　iFIX 节点

iFIX 分为数据采集和数据管理两大类。数据采集部分通过 I/O 驱动程序和 I/O 设备接口与工厂的 I/O 设备直接通信,获取数据;数据管理部分可处理、使用所取数据,数据管理包括很多方面,比如过程监视(图形显示)、监视控制、报警、报表、数据存档等。

一台运行 iFIX 软件的计算机称为一个节点(Node),节点按功能划分为 SCADA 服务器、iClient 客户端(VIEW 或 HMI 节点)、HMI Pak;按区域分,可分为独立节点(与网络

中其他节点不进行通信的节点)、本地节点(控制、反映本地工作状况的节点)、远程节点
(在一个分布式系统中，不同于本地节点的节点)。图 1-2 给出了一个节点分布式配置
示意图。

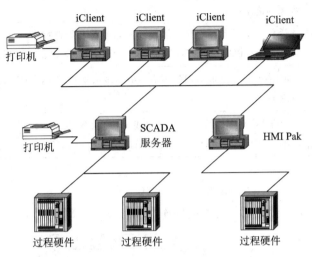

图 1-2　分布式节点配置示意图

从过程硬件获取数据的节点称为 SCADA 服务器。SCADA(Supervisory Control And
Data Acquisition)实现监视控制和数据采集，通过 I/O 驱动软件和过程硬件进行通信，建
立并维护过程数据库。具有数据采集和网络管理功能，而无图形显示功能的节点称为盲
SCADA 服务器(Blind SCADA)。iClient 是不具有 SCADA 功能的节点，iClient 不直接与
过程硬件通信，该节点从 SCADA 节点获取数据，可以显示图形、历史数据及执行报表，这
类节点有时称为 VIEW 或者 HMI(Human/Machine Interface)节点。同时具有 SCADA 和
iClient 功能的节点称为 HMI Park，该节点通过 I/O 驱动软件和过程硬件进行通信，并显
示图形、历史数据及执行报表，也可通过网络从其他 SCADA 节点获取数据。

其他节点类型包括只读节点和运行节点。只读节点指不允许修改显示画面或过程数据
库，也不允许修改过程设定值或报警确认的一类节点。运行节点指不允许修改显示画面或
过程数据库，必须预先安装所有配置文件，不一定为只读方式。与之相对应的节点常常被
称为开发节点。

表 1-3 给出了 iFIX 中的几种节点类型。

表 1-3　iFIX 节点类型

| 远程和本地节点 | 在分布式 iFIX 系统中，本地节点指所在的当前正在工作的节点，远程节点指任何一个想与之通信连接的节点 |
| --- | --- |
| 独立节点 | 在集中式的 iFIX SCADA 系统中，独立节点指能够独立完成所有 iFIX 功能的节点。独立节点不能与其他节点联网 |
| SCADA 服务器 | SCADA 服务器或 SCADA 节点运行 iFIX 的数据采集和管理组件。通常，SCADA 节点用于车间级数据采集，直接连接过程硬件 |

| | |
|---|---|
| 盲 SCADA 服务器 | 盲 SCADA 服务器或盲 SCADA 节点是没有图形显示功能的 SCADA 节点,该节点只完成数据采集和网络管理功能,使系统降低了对用于图形显示的计算机资源的需求 |
| 运行节点 | 运行节点不允许修改显示画面和过程数据。这些节点上安装了预先配置好的文件,能监控生产过程,改变生产过程的设定,以及确认报警 |
| iClient | iClient 节点是最常用的节点,用于显示来自 iFIX 的实时画面、归档数据和运行报表 |
| iClient 只读节点 | 除了不能向 iFIX 过程数据库或 OPC 服务器写入数据之外,只读的 iClient 与标准的客户端(iClient)具有同样的功能 |

### 1.3.3 iFIX 结构

iFIX 结构包括 I/O 驱动器、过程数据库和图形显示三部分,如图 1-3 所示。

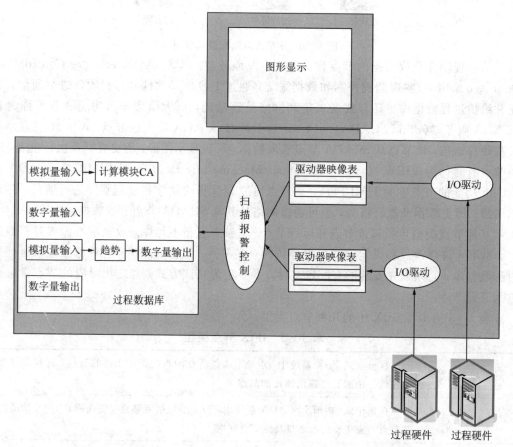

图 1-3　iFIX 基本结构图

### 1. I/O 驱动器

iFIX 和外部设备(如 PLC、仪表等)之间的接口称为 I/O 驱动器。I/O 驱动器是计算机与外部设备之间进行通信的基础,每一个 I/O 驱动器支持指定的硬件。I/O 驱动器功能主要从 I/O 设备中读(写)数据(称为轮询,Polling),将数据传送至驱动器映象表(Driver Image Table,DIT),或者从驱动器映象表中获得数据。驱动器映象表是 SCADA 服务器内存中存储 I/O 驱动器轮询记录数据的内存区域。

**2. 过程数据库(Process Database, PDB)**

过程数据库又称实时数据库,用于实现数据存储、数据报警等。在自动化生产过程中,iFIX 软件从 PLC、DCS、简单 I/O 等硬件设备的寄存器中获取数据,获取的这些数据称为过程数据。PDB 将从各个不同设备中读取的数据集中,按照数据类型分类存储,同时监视数据值,超出合理范围时即刻报警。过程数据库记录了外部设备实时运行状态,可以通过画面编辑和画面运行显示现场的实时数据。

**3. 图形显示**

图形对象实时、动态地显示过程数据库中的数据。图形对象包括图表、字母和数字表示的数据、图形动画等,可以显示报警信息、数据库信息和某标签的特殊信息。

### 1.3.4　iFIX 数据流

iFIX 的核心是数据流,数据流可以双向传递。I/O 驱动器从过程硬件的寄存器中读取数据,并将该数据传入驱动器映像表 DIT;SAC 扫描 DIT 并从 DIT 中读取数据,该数据又被传入过程数据库 PDB;图形显示中的对象显示从 PDB 获得的数据。当然数据也可逆向写入过程硬件,反顺序执行上述过程,即数据从图形显示送入 PDB,再传送到 DIT,I/O 驱动器从 DIT 中取数,然后再写入硬件寄存器中。图 1-4 所示为数据流示意图。

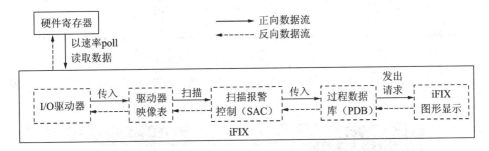

图 1-4　iFIX 数据流示意图

为了在图形显示中显示过程数据中的数据,必须给数据源标识命名,即进行数据信息标识。信息标识由四部分组成,其数据源句法为 SERVER. NODE. TAG. FIELD。其中,SERVER 为 OPC 数据服务器的名称;NODE 为数据库所在的节点名;TAG 为数据库中的标签名;FIELD 为标签的特殊参数信息(域名)。例如,FIX32. SCADA1. FLOW_IN. F_CV 数据源显示 FLOW_IN 的当前值(F_CV),FLOW_IN 驻留在 SCADA1 节点的 PDB 里,SCADA1 的数据来自 OPC 服务器 FIX32。

数据源标签中的 FIELD,一般来说有三种类型,即数字数据类型、文本数据类型和图形数据类型。数字数据类型,一般为 F_ * 域(F 为浮点),例如:F_CV 表示当前值;文本数据类型,一般为 A_ * 域(A 为 ASCII),例如:A_CUALM 表示当前报警,A_DESC 表示描述;图形数据类型,一般为 T_ * 域,例如:T_DATA 表示从 TR 或 ETR 块中获取的数据。

# 1.4　iFIX 软件的安装

## 1.4.1　iFIX 软件安装

iFIX 软件的安装比较简单，在安装过程中只需进行简单的设置即可，这里以 iFIX 5.5 中文版为例介绍软件安装的过程。

（1）打开 iFIX 5.5 中文版安装包，如图 1-5 所示。

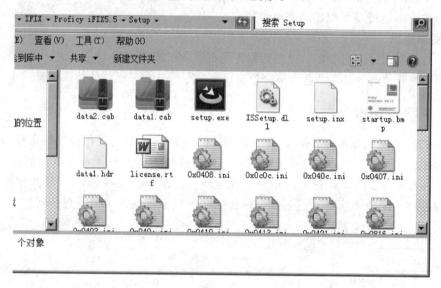

图 1-5　iFIX 5.5 中文版安装包

（2）双击"setup.exe"图标，弹出如图 1-6 所示的安装向导，单击"下一步"按钮继续安装。

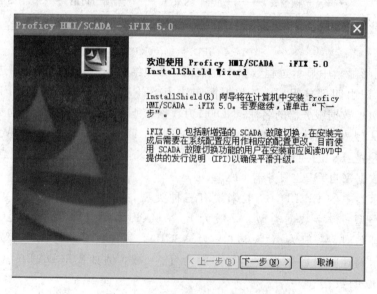

图 1-6　iFIX 5.5 安装向导界面

（3）阅读相应的安装协议后，选择"我接受许可证协议中的条款"，单击"下一步"按钮继续，如图 1-7 所示。

图 1-7　iFIX 5.5 安装许可证协议界面

（4）在"安装类型"对话框中，选择安装类型为"典型"，单击"下一步"按钮继续。

（5）在"安装路径"对话框中，推荐使用默认路径，单击"下一步"按钮继续。

（6）在随后出现的安装界面中单击"安装"按钮继续，在经过一段时间的等待后，安装过程中会弹出"Proficy iFIX 配置向导"对话框，如图 1-8 所示。输入节点名称、节点类型和连接方式，单击"确定"按钮。如果用户想在没有远程节点的情况下设置 SCADA 服务器，选择"SCADA 服务器"和"独立"。如果想要设置联网 SCADA 服务器，选择"SCADA 服务器"和"网络"。

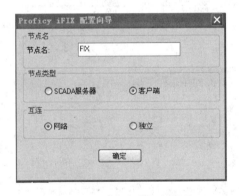

图 1-8　iFIX 安装配置向导

（7）如果想要安装 Proficy Historian for SCADA，在后面弹出的对话框中单击"是"按钮，出现 Historian 安装和设置界面。

（8）保留默认安装位置或选择其他位置，然后单击"下一步"继续，将出现"数据档案和配置文件夹"界面。

（9）保留默认位置或选择其他位置，然后单击"下一步"按钮继续，安装 Proficy Historian for SCADA。当显示消息框要求查看发行说明时，请单击"是"按钮，查看后关闭版本信息，继续安装。在"设置完成"界面中选择"是"，重启计算机，然后单击"完成"按钮。

（10）重新启动计算机以及安装完成后，安装产品授权密钥：如果有一个新的密钥，关闭计算机，将 USB 密钥插到合适的端口上；如果需要更新旧密钥，使用更新文件并按照 GE Intelligent Platforms 的说明更新密钥。

（11）安装完成后，在开始菜单中找到 iFIX 5.5 图标，单击即可启动 iFIX 5.5，如图 1-9 所示。

图 1-9  iFIX 5.5 启动菜单

（12）启动 iFIX 5.5 后，将弹出如图 1-10 所示的启动选择对话框。

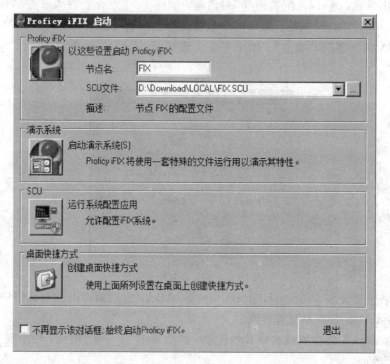

图 1-10  iFIX 5.5 启动选择对话框

（13）在图 1-10 中可以分别选择相应的图标进行设置。选择"Proficy iFIX"即可启动 iFIX 软件。如果没有安装授权密钥，就会弹出如图 1-11 所示的提示画面。

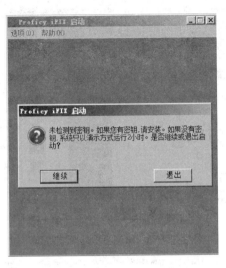

图 1-11　密钥提示画面

　　（14）在图 1-11 中单击"继续"按钮，即可启动 iFIX，其启动完成后的界面如图 1-12 所示。在图 1-12 中可以进行 HMI 的开发和编辑。

图 1-12　iFIX 工作台

## 1.4.2　iFIX 演示系统

　　通过 iFIX 软件提供的演示系统，可以浏览 iFIX 演示系统的一些画面。iFIX 软件演示系统是 iFIX 软件的一部分，可以用作研究和学习的工具，也可以用于帮助创建自己的应用程序。

　　在 iFIX 安装目录下，点击"iFIX 演示系统"图标按钮，就会显示演示系统的主界面，如图 1-13 所示。单击"Applications/Industries"可以打开不同行业中的应用演示，如图 1-14 所示。

　　在图 1-14 中，单击左侧的"化工应用"标签，可以打开如图 1-15 所示的化工应用演示系统。

图 1-13　iFIX 演示系统主界面

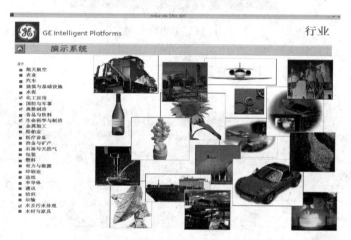

图 1-14　iFIX 演示系统行业应用界面

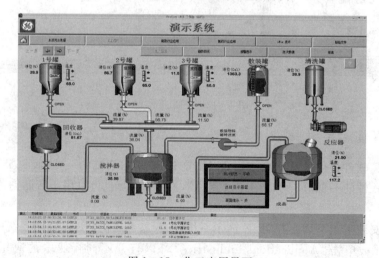

图 1-15　化工应用界面

在图 1-15 中，单击"水及污水处理"标签，打开如图 1-16 所示的水及污水处理的化学加料工艺流程图，在图 1-16 中单击其上面的不同的标签来观察不同的控制工艺演示系统。

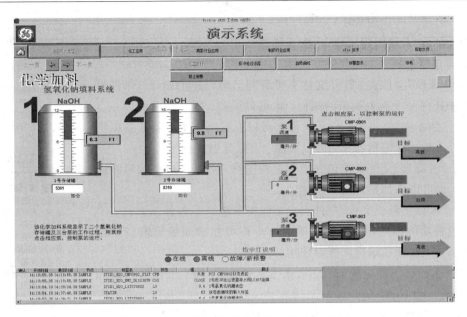

图 1-16　水及污水处理的化学加料工艺流程图

### 1.4.3　iFIX 工作台

iFIX 工作台有两种模式：编辑模式和运行模式。用户可以在编辑模式下创建监控画面，进行画面连接，创建数据标签（数据库）。在运行模式下，用户可以对已经创建好的监控画面进行调试运行。iFIX 工作台如图 1-17 所示。

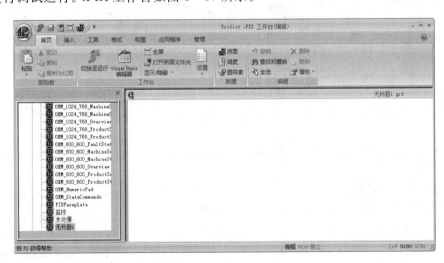

图 1-17　iFIX 工作台

所有项目的配置都在 iFIX 工作台中完成，工作台主要由系统树、工作区、菜单栏、工具栏组成。

系统树在 iFIX 工作台的左边，如图 1-18 所示。系统树主要具有以下功能：

（1）显示与该项目有关的所有文件；

（2）显示与每个文件有关的对象；

（3）启动某些应用程序；

（4）显示"系统配置程序"中配置的路径。

下面介绍系统树中常用的文件夹。

（1）"画面"文件夹：打开文件夹可看到已经创建的画面，单击可打开其中任何一个需要编辑的画面，也可以保存、删除画面。

（2）"数据库"文件夹：打开文件夹可以查看当前所加载的数据库标签，进入数据库编辑器中，可以添加、删除数据库标签。

（3）"图符集"文件夹中包含了大量的图符，可供用户在编辑画面时使用，也可以添加用户自己创建的图符。

（4）"项目工具栏文件"文件夹：文件夹中包含了多种工具栏，不同的工具栏功能不同，单击其中的某一个即可在画面编辑窗口中添加该工具栏，以便在编辑画面时使用。

iFIX 工作台下部是状态栏，状态栏主要显示 iFIX 工作台当前的工作状态。

iFIX 工作台主菜单主要包括首页、插入、工具、格式、视图、应用程序、管理等菜单项。单击不同的主菜单可以显示不同的菜单内容。其中常用的有"首页"和"应用程序"这两项，如图 1-19 所示为菜单栏。

图 1-18　iFIX 系统树

图 1-19　iFIX 菜单栏

（1）"首页"菜单下常用的选项介绍如下：

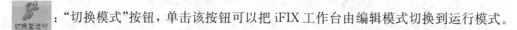："切换模式"按钮，单击该按钮可以把 iFIX 工作台由编辑模式切换到运行模式。

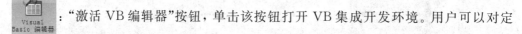："激活 VB 编辑器"按钮，单击该按钮打开 VB 集成开发环境。用户可以对定时器、对象、事件、按钮、图符、Active X 控件、变量和在全局页中添加的任何对象进行脚本编辑，开发新的应用功能。

：单击该按钮可以新建一个画面（一般常在工具箱中单击"新建画面"按钮）。

：单击该按钮出现下拉菜单，选中其中的"用户首选项"即可对工作台工作环境进行配置，选中"工具栏"可调出如图 1-20 所示的工具箱。

（2）"应用程序"菜单下常用的选项介绍如下：

图 1-20　工具箱

：单击该按钮进入数据库管理器开发界面，可以在其中添加、修改、删除数据库标签。

：单击该按钮进行系统配置，包含系统配置路径、后台启动、报警与历史数据设置、系统安全设置、驱动配置等。

：单击该按钮进行系统安全设置，可以设置系统登录用户及登录用户的权限。

：单击该按钮可以查看工作台运行时产生的历史报警数据。

：单击该按钮进入"键宏编辑器"。

：单击该按钮进入"标签组编辑器"。

标签组编辑器的布局采用标准 iFIX 表格的格式。标签组主要功能是"替换"。例如，当打开画面和使用新的画面代替当前画面时，iFIX 可以读取标签组文件，并根据其定义使用相应的替换值代替这些符号。

### 1.4.4　工作台配置

了解 iFIX 工作台是使用 iFIX 的起点，从"首页"的"设置"菜单选项中选择"用户首选项"，可以配置工作台的默认值，iFIX 的"用户首选项"对话框如图 1-21 所示。

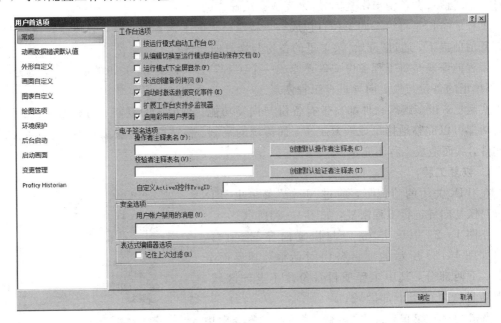

图 1-21　"用户首选项"对话框

"用户首选项"对话框中常用的选项卡主要有"常规"选项卡和"启动画面"选项卡。在"常规"选项卡中，用户可以根据实际需要设置工作台启动状态、显示屏幕状态、文档保存、创建备份以及工作台本身的界面外观等。在"启动画面"选项卡中，用户可以设置当工作台启动时要打开的画面，如图 1-22 所示，单击图中 图标就会出现"打开"对话框，在对话框中可以选择要添加的画面，用户可以添加一个画面，也可以添加多个画面。

图 1-22 "启动画面"选项卡

### 1.4.5 iFIX 工程保存和备份

iFIX 不同于其他软件，不是通过传统的新建和保存菜单来新建工程和保存工程，而是通过 iFIX 自带的"备份与恢复向导"来完成此项操作的。

工程的备份是将组态的工程打包成一个特定格式的工程备份文件，必须在要备份的工程打开的前提下，通过"开始"菜单里的备份与恢复向导进行工程备份。

工程的恢复是将工程备份文件还原成一个工程，必须在 iFIX 关闭的前提下，通过"开始"菜单里的备份与恢复向导进行工程恢复。

实际上，很多组态软件都自带有备份与恢复功能。与传统的复制、粘贴相比，备份和恢复功能可以完整地拷贝或恢复工程，而传统的复制、粘贴可能会遗漏一些无法复制的系统文件，从而造成工程不完整。

#### 1. 恢复工程

在 iFIX 关闭的前提下，通过"开始"菜单里 iFIX 备份与恢复向导进行工程恢复，如图 1-23 所示。

在图 1-23 中单击"备份与恢复向导"选项后，弹出如图 1-24 所示的项目备份对话框。其界面分为上、下两部分，其中工程项目备份位于上部区域，工程项目恢复位于下部区域。

点击"开始"菜单，选中"运行"菜单，在命令框中输入命令 BackupRestore.exe 或者 BackupRestore.exe /FactoryDefault（输入时斜线前面一定要空格）也可打开如图 1-24 所示的对话框。

要进行工程恢复，点击图 1-24 下部区域的工程项目恢复向导图标，出现如图 1-25 所示的恢复向导。

图 1-23 "备份与恢复向导"选择菜单

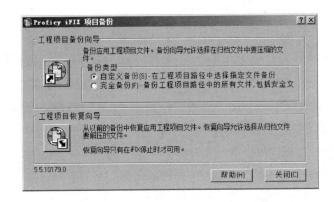

图 1-24　"Proficy iFIX 项目备份"对话框

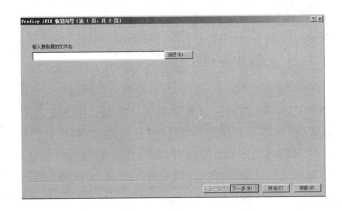

图 1-25　工程项目恢复向导(一)

　　单击图 1-25 所示的"浏览"按钮选择需要恢复的工程备份文件(工程备份文件的后缀名为 fbk),如图 1-26 所示。选定文件后单击"打开"→"下一步",进入工程恢复详细配置界面,如图 1-27 所示。

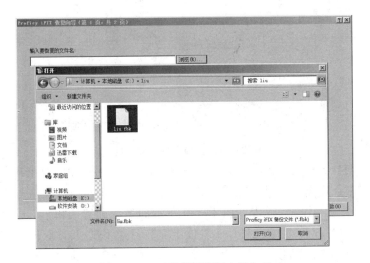

图 1-26　工程项目恢复向导(二)

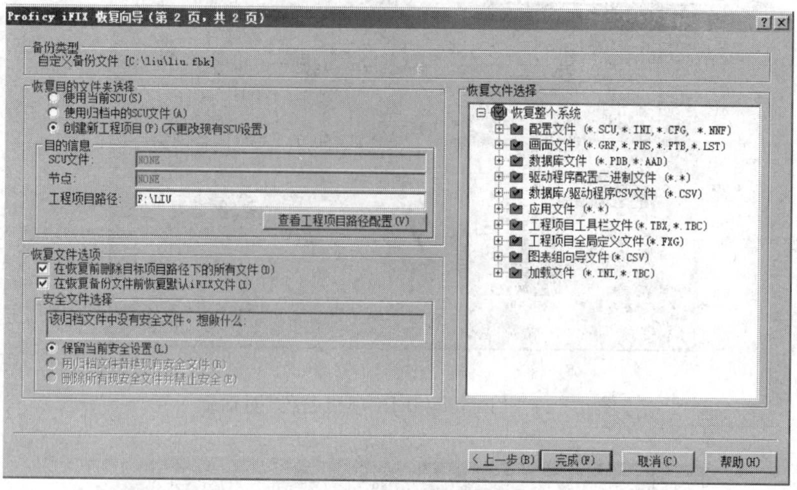

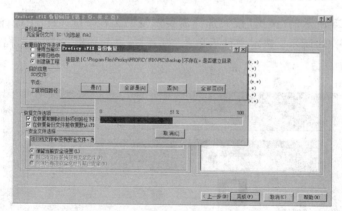

图 1-27　工程项目恢复向导(三)

　　在图 1-27 中进行相应的设置后,一定要弄清楚路径,一般不恢复 SCU(System Con-figuration Utility,系统配置文件)配置,除非在原机器上。在图 1-27 中选择新建工程,即"创建新工程项目",在工程项目路径中输入工程项目路径,恢复完成后,此文件夹即为工程文件夹,在后面配置 SCU 时还要使用。勾选"恢复文件选项"栏中的两个选项,即电脑中有同名文件夹时删除该文件夹的内容。勾选"恢复文件选择"栏的"恢复整个系统"选项,这样下层的子菜单也同时被选中。所有这些设置完成后,单击"完成"按钮,即出现恢复过程的相关进度提示,如图 1-28 所示,在其中选择"全部是",在随后出现提示时继续选择"全部是"。当进度条完成后工程恢复即完成,恢复完成后,关闭恢复导向窗口。

图 1-28　工程项目恢复进度

　　在工程恢复向导完成后还需要对系统的 SCU 进行配置。首先要对工程文件的 SCU 进行相应的修改,在 iFIX 未打开的前提下,通过"开始"菜单即可进入系统配置,如图 1-29 所示。单击"系统配置"之后,弹出如图 1-30 所示的系统配置的窗口。通过"文件"→"打开",找到工程文件的 SCU 配置文件(一般位于安装目录下的/Local 下)。定位 SCU 文件后,通过"配置"→"路径"修改项目路径,如图 1-31 所示。

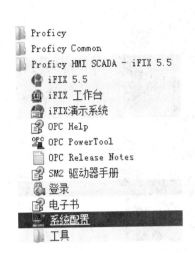

图 1-29　"系统配置"选择菜单　　　　　　　图 1-30　系统配置窗口

在图 1-31 中,进行相应的修改,主要将"项目"后面的路径改为自己工程项目恢复的实际路径,即图 1-27 的工程项目路径。修改后,点击下面的"更改项目"按钮,工程项目路径和本地、数据库等路径都会随之改变,如图 1-32 所示。在出现的提示框中选择"是",单击"确定"按钮,同时要注意 SCU 文件修改后要保存,即单击"文件"→"保存"按钮。在以上设置完成之后,单击"文件"→"退出"按钮,就可以重新启动 iFIX 工作台把备份的工程提取出来。

图 1-31　路径配置窗口

在图 1-32 中,根目录和语言的路径是 iFIX 软件本身所在的安装路径,一般是安装软件设置好的,不用更改。

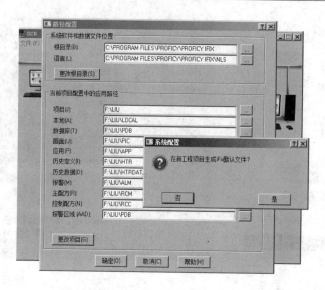

图 1 - 32　路径更改后的窗口

### 2. 备份工程

在图 1 - 24 所示的项目备份对话框的"工程项目备份向导"选项栏中,可以进行工程项目的备份。备份时,可以选择完全备份或自定义备份。完全备份是把整个工程项目文件夹全部备份到其他地方,恢复的时候再完整地复制回来。选中完全备份,单击"备份"按钮,弹出如图 1 - 33 所示的备份向导窗口,选择保存备份文件的路径后,点击"完成"按钮即可实现工程项目的备份,其后缀名为 fbk。

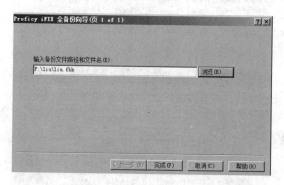

图 1 - 33　工程项目备份向导

## 1.4.6　iFIX 帮助系统

在使用 iFIX 组态软件时会出现各种各样的疑问,使用"帮助"可以解决疑问,有利于更好地使用该软件。下面是使用"帮助"的方法。

(1) 查看所选字段的帮助信息,选中该字段并右击。

(2) 查看所选菜单的帮助信息,直接按键盘上的 F1 键,就会弹出如图 1 - 34 所示的工作台帮助窗口。

(3) 查看所选对话框的帮助信息,单击对话框右上角 ▣ 图标,当鼠标变成问号形状时，将其移动至需要帮助的地方单击，也可以查看相关主题的帮助信息。

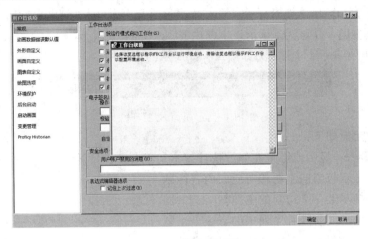

图 1-34　工作台帮助窗口

用户可以通过如下方式访问电子书来获得进一步的详细帮助。

（1）在工作台中，双击"帮助和信息"文件夹，单击"电子书"就可以弹出电子书帮助窗口。

（2）在"菜单栏"视图中，从右侧靠近最小化按钮的"帮助"列表中调用，这种方式仅适用于工作台和数据库管理器。

（3）单击计算机的"开始"按钮，选择"程序"→"Proficy HMI SCADA iFIX"→"电子书"，打开相应窗口，如图 1-35 所示。

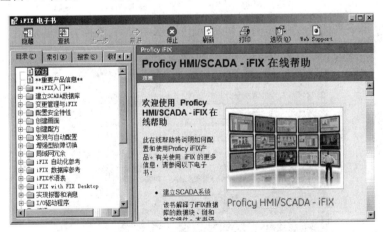

图 1-35　"iFIX 电子书"窗口

通过单击相应的标签项可在左框中显示目录、索引、搜索收藏夹导航工具。打开"iFIX电子书"窗口，有关目录的折叠表显示在左框中，封面页以及电子书中的文本和图形显示在右框中。在"iFIX 电子书"窗口中既可用索引标签也可用搜索标签搜索主题。

在索引标签中输入关键字，显示与关键字匹配或以关键字开始的索引条目。打开"iFIX 电子书"窗口，单击索引标签显示电子书的主索引，输入要显示主题的关键字。在输入关键字后，主题列表显示第一个与所输入的关键字匹配或以关键字开始的主题。选中该主题后，单击"显示"按钮，或双击该主题，在右框中显示该主题的内容。

　　在搜索标签中可以输入搜索字符串，显示包含该字符串的所有主题的列表。打开"iFIX 电子书"窗口，单击搜索标签，输入要搜索的文本，单击"列出主题"，再单击"显示"按钮或双击该主题，右侧就会显示该主题内容。

　　在"iFIX 电子书"窗口上方为如图 1-36 所示的工具栏。

图 1-36　电子书工具栏

　　各图标的功能如下：

　　隐藏/显示——显示或隐藏左侧的快捷搜索边框，二者只显示之一。

　　定位——显示与当前主题相对应的内容标题。

　　后退——显示上一个访问的主题。

　　前进——显示以前查看序列中的下一个主题。

　　停止——连接到 Internet 时停止下载文件。

　　刷新——连接到 Internet 时重新下载当前文件。

　　打印——当目录表显示时，可选择打印整页、页头、子题或目录的条目表。当索引或搜索标签显示时，可打印当前主题。

　　选项——与电子书工具栏按钮对应的显示菜单命令。用户可通过突出显示开关命令切换突出显示搜索采样数。当突出显示"关"时，选择"开"突出显示会突出显示下一个搜索的主题。

# 1.5　iFIX 工程的建立

　　下面通过一个具体的工程实例来初步认识 iFIX 在人机监控方面的应用。

　　(1) 通过"开始"菜单启动 iFIX 软件，如图 1-37 所示。

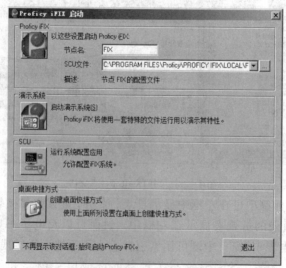

图 1-37　iFIX 软件启动界面

　　(2) 在图 1-37 中，单击最上面的 ⬤ 图标，打开 iFIX 工作台编辑界面，如图 1-38 所示。

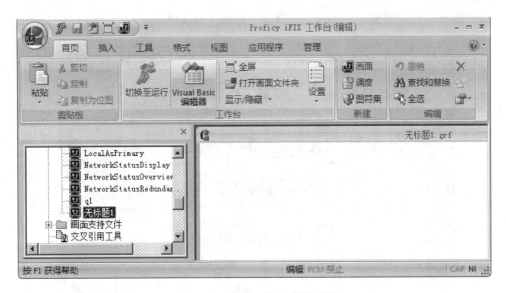

图 1-38　iFIX 工作台编辑界面

（3）在数据库中建立一个数据标签，以便在运行时进行显示。因为这里没有连接具体的过程硬件设备，所以只有借助于 iFIX 中自带的仿真驱动器 SIM。SIM 可以使用仿真数据测试数据库，SIM 驱动程序提供了一系列的寄存器可供用户测试使用。单击"应用程序"→"数据库管理器"，如图 1-39 所示，启动 iFIX 数据库管理器，如图 1-40 所示。

图 1-39　应用程序选项卡

图 1-40　iFIX 数据库管理器界面

双击图 1-40 中的数据标签列表的任何一个空白处，在弹出的如图 1-41 所示的"选择数据块类型："窗口中选择 AI 并确定，弹出如图 1-42 所示的模拟量输入标签设置对话框。在对话框中，输入标签名，在地址栏务必选择正确的驱动器以及 I/O 地址，其他的选项暂时不用设置，使用默认即可。设置完成后单击"保存"按钮，弹出如图 1-43 所示的启用扫描对话框，单击"是"按钮。操作完成后就可以在数据库中看到刚才建立的一个模拟量数据标签，选中该标签，右键单击之后选择"刷新"，即可看到"当前值"这一栏中有数据在变化，这个数据就来自于 SIM 仿真驱动器的 RA 中，如图 1-44 所示。

图 1-41　"选择数据块类型:"窗口

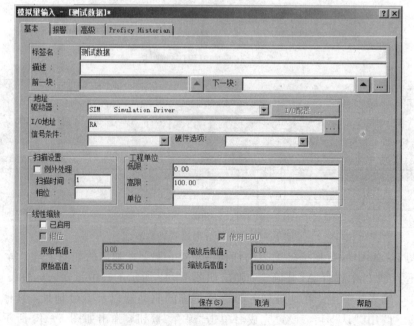

图 1-42　模拟量输入标签设置对话框

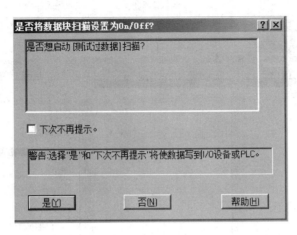

图 1-43　启用扫描对话框

图 1-44　模拟量标签

（4）单击"保存"按钮，回到 iFIX 工作台编辑界面，在其中从工具箱中拖放数据连接戳图标，放置之后弹出如图 1-45 所示的"数据连接"对话框，单击其数据源后面的 ... 按钮，弹出如图 1-46 所示的"表达式编辑器"对话框，选中 FIX 节点中的测试数据标签名，其域名选中 F_CV，代表浮点数形式的当前值（Float Current Value），即数据源连接为 FiX32.FIX.测试数据.F_CV，单击"确定"按钮，在画面上合适的位置放置数据戳即可。

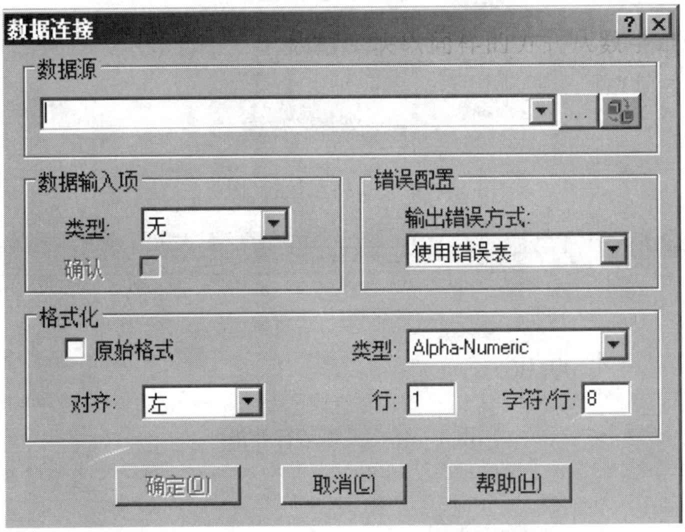

图 1-45　"数据连接"对话框

图 1-46 "表达式编辑器"对话框

（5）同时按下"Ctrl＋W"或者单击如图 1-47 所示的"切换至运行"图标都可以运行所建立的 iFIX 工程，其运行效果如图 1-48 所示。

图 1-47 "切换至运行"图标

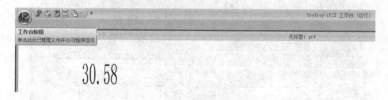

图 1-48 工程运行效果

# 第 2 章　iFIX 软件系统配置及驱动配置

iFIX 软件要想成功启动，需要满足两个条件：一个是系统配置应用（System Configuration Utility，SCU）文件；另一个为本地启动选项。当启动 iFIX 时，软件寻找一个文件以决定本地的配置，该文件包含特定的程序和启动选项方面的一些内容，其对节点来说是独一无二的，要完成这些设定配置必须使用系统配置应用 SCU，并且 iFIX 软件仅在启动时读取此文件。当 iFIX 运行时，对 SCU 文件所做的修改是不会生效的，这些修改只有保存 SCU 文件并重新启动 iFIX 时才会生效。本章主要介绍系统配置的相关设置以及驱动器的安装。

## 2.1　系统配置应用程序

系统配置应用程序主要用来配置本地节点，并生成一个后缀为 SCU 的配置文件，该文件存储了有关本地节点的所有信息。为了使对系统配置应用程序所做的大部分修改生效，必须重新启动 iFIX。用户可以通过"开始"菜单，找到安装目录下的"系统配置"，打开系统配置应用程序，如图 2-1 所示。或者单击 Proficy iFIX 启动界面中的 SCU 配置按钮，如图 2-2 所示。在 Proficy iFIX 工作台界面上方的工具栏中，选择"应用程序"菜单，然后单击其下面的 SCU 按钮也可以启动系统配置应用程序。启动后的系统配置应用程序如图 2-3 所示。从主菜单"文件"中选择"退出"即可退出 SCU。

图 2-1　打开系统配置的方法

在图 2-3 所示的系统配置应用程序窗口中可以进行如下的操作。

（1）使用 SCU 工具箱。SCU 窗口下边有一个工具箱，它包括所有的 SCU 工具。用户可以通过在工具箱中单击按钮来访问这些工具，表 2-1 显示了每个按钮的功能。

图 2-2　Proficy iFIX 启动界面

图 2-3　系统配置应用程序

表 2-1　SCU 工具箱按钮和功能

| 按钮符号 | 相对应的对话框 | 实现的功能 |
|---|---|---|
|  | 路径配置对话框 | 指定 iFIX 目录的位置和名称 |
|  | 报警配置对话框 | 启用和配置报警服务 |
|  | 网络配置对话框 | 配置网络连接 |
|  | SCADA 配置对话框 | 配置 SCADA 服务器 |

续表

| 按钮符号 | 相对应的对话框 | 实现的功能 |
|---|---|---|
| | "任务配置"对话框 | 在不同启动方式下选择自动启动任务 |
| | 安全配置窗口 | 在过程环境配置安全 |
| | "SQL 账号"对话框 | 创建 SQL 登录账户和配置 SQL 任务 |
| | 编辑报警区域数据库对话框 | 编辑报警区域数据库 |

（2）打开新文件。启动 SCU 时，将自动打开本地启动选项所指定的 SCU 文件。如果 SCU 未能找到指定的文件，将打开一个新的文件。如果打开 SCU 时，系统要创建一个新的文件，则应从"文件"菜单中选择"新建"，之后将会出现没有链接过程数据库和驱动程序配置的 SCU 主窗口。

（3）添加文件描述。在 SCU 窗口上方显示有一个短标题，这就是 SCU 文件名。用户可以重命名文件，使每个 SCU 文件都有唯一标识符。该文件名称仅用来区分 SCU 文件，除此之外对系统没有任何作用。

命名 SCU 文件时，从"文件"菜单中选择"描述"或双击标题区，在弹出的"输入配置文件描述："栏中输入想要的名称，用户可以输入最多 40 个字符的描述，如图 2-4 所示。

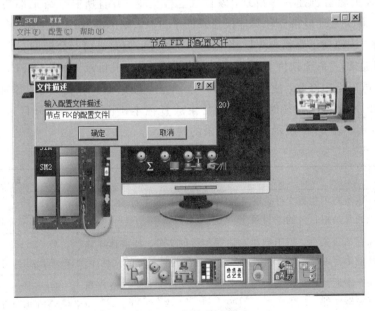

图 2-4　文件描述修改

（4）创建报告。SCU 报告包含有关服务器配置的网络信息，包括系统路径、SCADA、报警、任务和 SQL 配置。要创建一个 SCU 文件报告，可以从"文件"菜单中选择"报告"，在"文件名"栏中选择类型，单击"保存"按钮即可。SCU 将会给出通报信息提示是否成功写入文件，用户可以用任意的文本编辑器或文档处理器去浏览或打印报告。

SCU 报告是以 RPT 为扩展名的文件，其存储在本地的指定目录下。

（5）配置目录路径。iFIX 使用目录存储程序和数据文件。在 SCU 工具箱中单击"路径"按钮，即可打开如图 2-5 所示的"路径配置"对话框。

图 2-5 "路径配置"对话框

安装 iFIX 时将会创建一个目录，该目录为根目录，并且所有子目录都列在"路径配置"对话框中。如果要更改根路径和其他根目录的子目录，则单击"修改根目录"自动刷新所有列出的目录名称。当改变了路径，SCU 将会创建新目录。但是，它不会把旧目录下的文件拷贝到新目录下。通常，"系统软件和数据文件位置"栏中的"根目录"默认为 iFIX 软件存储的位置，"语言"栏可以不用修改，使用默认的即可。单击"更改项目"按钮，可以添加新的项目。

当配置 iFIX 组件的路径时，将部分目录放置在本机而将另一部分目录放置在网络服务器上会很有用。表 2-2 所示是每个目录的说明。

表 2-2 路径描述

| 路径 | 功能描述 | 默认路径 |
|---|---|---|
| 根 | 存放所有可执行文件，根路径将指向 iFIX 的主目录。其他目录通常是根目录的子目录 | C：\ Program Files \ Proficy\Proficy iFIX |
| 语言 | 保存语言文件，用于创建对话框和帮助文件。如果选择执行其他语言，新的语言和帮助文件将替换此目录下的文件 | C：\ Program Files \ Proficy\Proficy iFIX\NLS |
| 本地 | 保存本地计算机相关的配置文件，包括 SCU、配方格式和系统安全文件 | C：\ Program Files \ Proficy\Proficy iFIX\LOCAL |
| 项目 | 一组应用程序文件，如画面、数据库、标签组等，这些文件存放在特定目录，由工程名唯一标识；<br>用户可以为每一个工程命名不同的目录来管理应用程序文件 | C：\ Program Files \ Proficy\Proficy iFIX |

续表

| 路径 | 功能描述 | 默认路径 |
|---|---|---|
| 数据库 | 保存过程数据库文件、数据库编辑器配置文件及 I/O 驱动程序配置文件 | C：\ Program Files \ Proficy\Proficy iFIX\PDB |
| 画面 | 保存画面的配置和运行环境。注意：如果使用非 iFIX 安装盘上的共享 PIC 目录，必须输入该 PIC 目录的完整路径。例如，要使用 G 盘上的共享 PIC 目录，必须在 SCU 中输入 G：\PIC | C：\ Program Files \ Proficy\Proficy iFIX\PIC |
| 应用 | 保存 iFIX 应用程序的数据和配置文件。如果要创建自己的应用程序，使用该目录存储数据文件 | C：\ Program Files \ Proficy\Proficy IFIX\APP |
| 历史定义 | 保存历史趋势配置文件 | C：\Program Files\Proficy\Proficy iFIX\HTR |
| 历史数据 | 保存历史数据文件。历史趋势将为每个节点创建唯一的子目录到该目录中，采集的数据将存放到该文件下。历史数据采集节点创建相应子目录 | C：\ Program Files \ Proficy\Proficy iFIX\HTRDATA |
| 报警 | 保存报警数据文件和事件日志。如果要在 Windows Vista 或 Windows Server 2008 中查看事件日志（.evt），确保关联编辑器（例如，记事本）与.evt 文件类型，以便打开和阅读该文件。如果没有关联，则在 Windows Vista 或 Windows Server 2008 中双击 .evt 文件时可能会显示出错信息 | C：\ Program Files \ Proficy\Proficy iFIX\ALM |
| 主配方 | 保存主配方、错误及主配方报告文件 | C：\Program Files\Proficy\Proficy iFIX\RCM |
| 控制配方 | 保存控制配方、错误及报告文件 | C：\Program Files\Proficy\Proficy iFIX\RCC |
| 报警区域（AAD） | 保存主报警区域数据库文件 | C：\Program Files\Proficy\Proficy iFIX\PDB |

（6）报警配置。报警配置用来允许或禁止节点的报警功能。当过程值超过所定义的上、下限值时，iFIX 将发送报警信息。通过 SCU 的报警配置功能可启用和配置报警服务。要配置报警，在 SCU 工具箱中单击"报警"按钮，打开"报警配置"对话框，如图 2 - 6 所示。

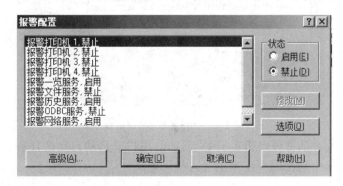

图 2 - 6　"报警配置"对话框

报警服务提供自定义报警配置工具。用户可以方便地启用任意一个或所有的报警服务，并且也能为设置每个服务，来帮助实现报警策略。下面是在报警配置对话框中可利用的报警服务：报警打印机1、2、3、4；报警一览服务；报警文件服务；报警历史服务；报警ODBC服务；报警网络服务（只在网络方式下激活）；报警启动队列（只在配置网络 SCADA服务器下激活）。用户如果要启用和配置报警服务，只需要双击它即可。

用户可以通过自定义配置修改每个报警服务的设置，每个报警服务都包含各自的配置对话框。用户可以从配置对话框中访问报警区域对话框。报警区域对话框将控制哪些报警和应用消息能接收。在配置对话框上通过单击"区域"按钮，即可访问已配置的任务对话框。

SCU 可以通过以下几种方式来访问配置报警区域对话框：

① 报警服务。在"报警配置"对话框中双击一个报警服务，然后单击"区域"按钮，即可弹出启用特殊服务的已配置报警区域对话框。

② 公共报警区域。在"报警配置"对话框中，单击"高级"按钮，然后单击"公共区域"按钮，弹出公共区域的已配置报警区域对话框。需要注意的是，用于所有服务选项的按钮是不可用的，因为用户已经选择了已设置的公共区域。

③ 应用程序消息。在"报警配置"对话框中单击"高级"按钮，然后单击"操作员消息"或"配方消息"，可以配置 15 个报警区域。

（7）配置启动任务。任务配置就是决定在 iFIX 启动时要执行的程序，输入可执行文件名称即可，这些文件可以是任意的可执行文件，不一定是 iFIX 文件。

通过在 SCU 工具箱上单击"任务"按钮或在显示任务配置对话框中指定自动启动的任务，如图 2-7 所示。当运行 iFIX 启动程序时，该任务列在配置的对话框中。例如，当启动iFIX 时，如果想始终使用 I/O 控制，则配置 SCU 用来自动地启动 IOCNTRL.EXE，向配置的任务列表顶端添加 IOCNTRL.exe。

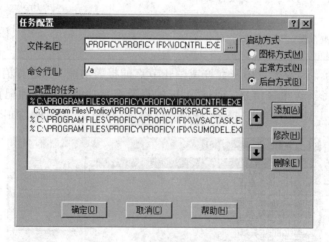

图 2-7 "任务配置"对话框

图 2-7 所示的对话框可以指定 iFIX 启动时用户要自动启动的任务。iFIX 会以在"已配置的任务"列表框中列出的顺序来执行这些任务。

"文件名"中显示了正在向已配置的任务列表框中添加或已经删除的可执行文件（.EXE）或者动态链接的库（.DLL）的名称。要添加新的启动任务，在这一栏中输入名称并单击"添加"按钮。用户也可以单击浏览(…)按钮，弹出"文件打开"对话框，在该对话框中搜索可执行文件或动态链接库文件。

"命令行"中可以添加与在"文件名"栏指定的可执行文件关联的命令行参数。例如，用户可以定义 SAC(WSACTASK. EXE)、I/O 控制(IOCNTRL. EXE)和选择的 iFIX 应用程序相关的命令行参数。

在图 2-7 所示的已配置的任务列表中显示了自动启动所选的 iFIX 的任务名。在任务配置对话框中，有星号(＊)的任务表示任务启动后为最小化，有百分号(％)的任务表示任务启动后在后台运行。iFIX 会按在"已配置的任务"列表中显示顺序执行这些任务。要修改启动任务的顺序，选择任务，使用向上和向下箭头将任务移到合适的位置。

图 2-7 中的启动方式分为三种，分别是：

① 图标方式：通过图标启动任务(＊)；

② 正常方式：通过窗口启动任务；

③ 后台方式：后台方式启动时，没有窗口和按钮，这种方式常用来将 iFIX 作为一个服务运行，这种方式启动时，必须启用 iFIX 为服务方式，并在 SCU 中配置为本地启动。

单击图 2-7 中的"添加"按钮可以把"文件名"栏中指定的可执行文件添加到配置的任务列表框中。单击"修改"按钮可以对"已配置的任务"列表中选择的任务模式进行修改。如果要修改模式，在"已配置的任务"列表中选择任务，在"启动方式"区内单击"选项"按钮，然后单击"修改"按钮。单击"删除"按钮可以把任务从配置的任务列表中删除。要删除任务，可以在列表中先选中任务，然后单击"删除"按钮，即可以将任务从列表中清除，但是并不从硬盘中删除。

自动启动程序可以指定为以后台方式运行，使其不会影响特殊操作。用户可以配置以下 iFIX 任务作为后台任务(所有文件都存放在 iFIX 根路径下)：SAC 扫描(WSACTASK. EXE)、历史采集(HTC. EXE)、SQL 任务(WSQLODC. EXE)、I/O 控制(IOCNTRL. EXE)、事件调度 (FIXBACKGROUNDSERVER. EXE)。

I/O 驱动程序是通过任务配置对话框的 I/O 控制程序来启动，当安装一个 I/O 驱动程序时，I/O 控制程序会自动添加到任务列表中。在任务栏中删除了 I/O 控制程序，可以再添加回来。如表 2-3 所示列出了用于指定 I/O 驱动程序如何启动的命令行参数。

**注意**：iFIX I/O 驱动程序 7. x 或更高版本将自动启动与 OPC 服务器的通信，不需要命令行参数。

表 2-3　I/O 驱动程序命令行参数

| 参　　数 | 描　　述 |
| --- | --- |
| /A | 启动 SCADA 配置中所有指定的 I/O 驱动程序 |
| /Sxxx | 启动一个 I/O 驱动程序，这里 xxx 是 I/O 驱动程序缩写，例如/SABH |
| /Dxxx | 驱动程序启动延时，xxx 是延迟的秒数 |
| /APxxx | 设定所有驱动程序的报文速率，xxx 的值是 1~100 |
| /SdrvPxxx | 设定某个驱动程序的报文速率，xxx 的值是 1~100 |

iFIX 允许使用 SCU 中的任务配置来控制 SAC 的启动状态。当启用了 SCADA 的功能时，SCU"任务配置"对话框的启动列表中就包含有 WSACTASK. EXE。这样将自动启动 SAC。如果在开发时禁用了 SAC，则必须再启用它，用户也能通过输入特殊的命令行参数来修改 SAC 工作方式。命令行参数有：

S——与系统时钟同步。有关扫描时间和同步的信息请参阅创建 SCADA 系统指南。

Dseconds——延时数据库的 SAC 处理，直到从控制设备中 I/O 驱动程序初始化和接收数据为止。默认状态下，SAC 自动延时处理时间为 8 s。用户可用 D 参数来指定延时时间为 1～300 s，例如 D30，可以通过控制数据库块的开头字母来指定。

Q——报警队列状态程序，设置报警队列数，它是通过 SAC 来监控报警删除的。该参数允许不用考虑默认值(500)，并且防止报警队列扩大到最大限度(2000)。

R——抑制限值报警（RANGE）。

UN——抑制低限报警（UNDER）。

N——抑制无数据报警（NO_DATA）。

C——抑制通信报警（COMM）。

U——抑制高限范围（OVER）。

**注意**：SAC 参数不使用斜杠或破折号作为分隔符，可以使用空格来分隔可选的 SAC 参数，例如：S D30。

如图 2-8 所示，把 QQ 的可执行文件添加到"已配置的任务"后，当启动 iFIX 时就会同时启动 QQ 软件。以同样的方式还可以把其他的应用程序添加进来。

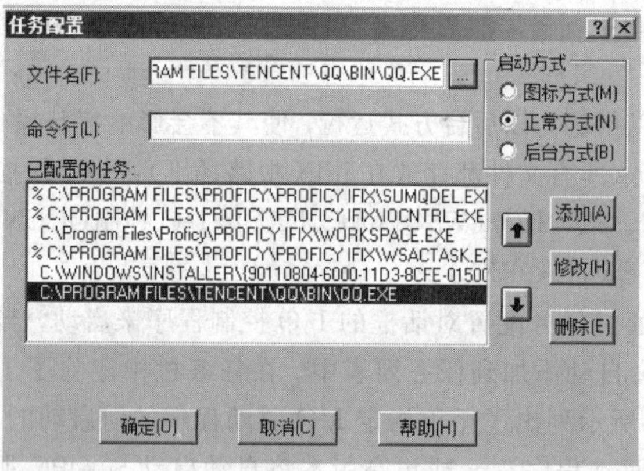

图 2-8　QQ 的可执行文件添加到配置任务

（8）"SCADA 配置"对话框。单击"配置"下的 SCADA 配置，弹出"SCADA 配置"对话框，如图 2-9 所示。

SCADA 服务器通过 I/O 驱动器从过程硬件获取数据，通过过程数据库管理过程数据。SCADA 配置包括定义过程数据库和配置 I/O 驱动器。在 SCADA 服务器与过程硬件通信前，需要定义并配置至少一种 I/O 驱动器，iFIX 在启动时最多可以装载 8 个 I/O 驱动器，有的驱动器需要使用接口卡与过程硬件通信，在这种情况下，则需配置相应接口卡。

用户可以在图 2-9 所示的对话框中，完成以下工作：启用和禁止 SCADA 支持、选择一个数据库、添加和删除 I/O 驱动程序、进入设置定义对话框配置被选的驱动程序。

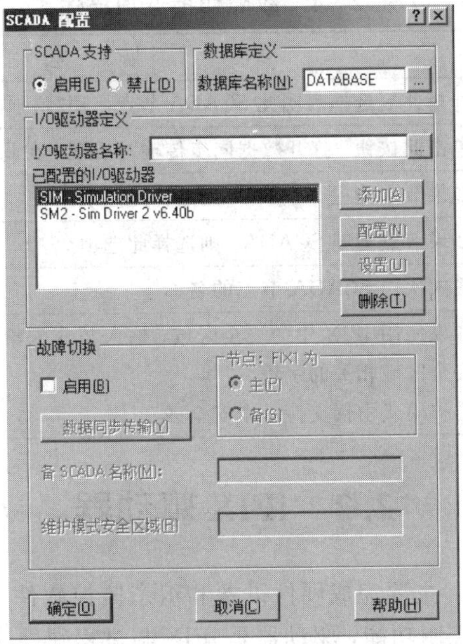

图 2-9　SCADA 配置对话框

在图 2-9 中选择"启用",用户可以 SCADA 节点方式使用该节点;选择"禁止",可以显示节点方式使用该节点。"数据库名称"可以用来指定用于此节点的数据库。用户也可以单击"浏览"按钮,弹出"文件打开"对话框,在此可从数据库路径中搜索数据库文件(∗.PDB)。

"I/O 驱动器名称"显示正在添加、配置、设置或删除的驱动器的名称。

单击 I/O 驱动程序名称"浏览"按钮打开"可用驱动器"对话框,在该对话框中,可以从在此节点上安装的 I/O 驱动器列表中进行选择。

"已配置的 I/O 驱动程序"栏中,显示此节点上最多四个配置的 I/O 驱动器。

单击"添加"按钮,则向 I/O 驱动器列表框中添加新的 I/O 驱动器。在"I/O 驱动器名称"栏中输入驱动程序的缩写,或单击"浏览"按钮以进入可用驱动程序对话框,在此可从安装于此节点的 I/O 驱动程序列表中进行选择再单击"添加"按钮,添加该驱动程序。如果系统有该特定驱动程序的多个版本,SCU 则会弹出提示框让用户选择所需的版本。

单击"配置"按钮,可以配置被选的驱动程序,或者访问被选驱动程序的帮助文件。

单击"设置"按钮,可以设置 I/O 驱动程序的接口卡。要配置该接口卡,单击"设置"按钮并输入相关信息,并不是所有的驱动程序都需要接口卡,如果要了解更详细信息,可以查阅 I/O 驱动器参考手册。

单击"删除"按钮,可以从 I/O 驱动器列表框中删除 I/O 驱动器。在列表框选择一个驱动程序,然后单击"删除"按钮。删除时,并不会将与该 I/O 驱动程序 DID 程序相关的配置、硬盘上存储的 I/O 驱动程序文件删掉。

故障切换选项的描述如表 2-4 所示。

**表 2 - 4　故障切换选项描述**

| 域　名 | 描　述 |
|---|---|
| 启用 | 选择此复选框表明此 SCADA 节点启用"增强故障切换" |
| 数据同步传输 | 单击此按钮，打开数据同步传输对话框，在此为数据传输配置网络首选项 |
| 主 | 如果节点为主 SCADA，则选择此选项 |
| 备 | 如果节点为辅 SCADA，则选择此选项 |
| 备 SCADA 名称 | 输入伙伴 SCADA 节点的名称 |
| 维护模式安全区域 | 如果使用 iFIX 中的安全区域，输入与分配给增强型故障切换配置管理员的安全区域相关的字符。<br>维护模式中仅支持一个安全区 |

# 2.2　iFIX 驱动器

　　iFIX 驱动器（驱动程序）主要完成硬件设备和组态监控软件 iFIX 动态数据交换，以完成上位监控软件的监视与控制功能，驱动器是 iFIX 与过程硬件连接的中介。

## 2.2.1　驱动器种类

　　在 iFIX 中，驱动器分为两大类：过程硬件 I/O 驱动器和仿真驱动器（SIM 驱动器）。

　　过程硬件 I/O 驱动器种类繁多，与不同的硬件设备通信，I/O 驱动器类型不同。串口通信对应 COM 驱动器，标准 PC 只提供支持两个串口，用户可以用 Digiboard 卡来扩展串口。硬件供应商提供的驻留卡对应 RES 驱动器，以太网卡对应 ETH 驱动器，还有其他类型的一些驱动器。在一个 SCADA 中可以同时有多种 I/O 驱动器，详细的 I/O 驱动器代码如表 2-5 所示。不同驱动器的优、缺点如表 2-6 所示。

**表 2 - 5　I/O 驱动器举例**

| I/O驱动器代码 | 版　本 | 通信方式 |
|---|---|---|
| ABH | v6.x | 串口 |
| ABC | v7.x | 驻留卡 |
| GE9 | v7.x | 以太网 |
| MB1 | v7.x | 串口 |
| MBE | v6.x | 以太网 |
| SIE | v6.x | 串口 |
| S_7 | v6.x | 驻留卡或以太网 |
| SL4 | v7.x | 以太网 |
| ROC | v6.x | 无线或 Modem |

表 2-6 不同驱动器的优、缺点

| 驱动器类型 | 优　　点 | 缺　　点 |
|---|---|---|
| 串口（COM） | 可直接利用 PC 串口<br>可以通过 MODEM<br>费用低 | 通信速度慢<br>通信距离短 |
| 以太网（ETM） | 通信速度快<br>费用低<br>比较灵活 | 具有良好通信过载能力（尤其在没有特殊的工业现场 LAN 的时候） |
| 驻留卡（RES） | 通信速度快<br>专为工业现场设计 | 费用较高<br>需要额外软件配置 |

## 2.2.2 驱动器分类

驱动软件按版本进行分类有 V6 系列 6.x 和 V7 系列 7.x 两种。不同类型的 PLC 有其各自的驱动相匹配，同一种 PLC 因其采用的通信方式和更新的不同还有出现不同的驱动，这样就造成了 iFIX 的驱动种类繁多，同一种驱动可以有不同的叫法，譬如，莫迪康公司的 MB1 和 MBE 驱动。

6.x 与 7.x 版本的驱动器对照比较如下：

（1）操作系统。

7.x 驱动器只能用于 Windows NT 和 Windows 2000。

6.x 驱动器可用 Windows 95/98、Windows NT 和 Windows 2000。

（2）通信。

7.x 驱动器能与 SAC 通信、与过程硬件通信，同时还具有 OPC 服务器的功能，可与远程 OPC 客户端共享数据。

6.x 驱动器只能与 SAC 和过程硬件通信，这些驱动器不能与其他客户端共享数据。

综上比较，优先推荐使用 7.x 驱动器，因为它可提供更多的特性，并易于使用，但是并不是所有过程硬件都有 7.x 驱动器。

iFIX 连接不同 PLC 所需要驱动器的详细信息可登录：http://support.ge-ip.com 查看，包括 GE 公司开发的驱动，还有第三方开发的驱动（第三方的需要付费），表 2-7 所示列出了几种常见的驱动器及其所对应的 PLC。

表 2-7 不同 PLC 对应的驱动器

| PLC 类型 | 驱动器种类 | | |
|---|---|---|---|
| AB PLC | ABR | A30 | ABD |
| GE PLC | GE9 | | V7 系列都支持 |
| 西门子 PLC | S7A | | OPC |
| 莫迪康 PLC | MB1 | MBE | |

## 2.2.3 仿真驱动程序

iFIX 提供了仿真 OPC 客户端、I/O 驱动程序，以及两个仿真驱动程序。

在连接到真实的 I/O 之前，可以使用 SIM 和 SM2 来测试数据链，这两个仿真驱动程序是地址矩阵。数据库块从这些地址读数和向这些地址写值。如果一个块向一个特定的地址写值，别的块能从同一地址读到同样的值。在保存过程数据库时，可以保存这些值，但是，当 SAC 启动或重新装载数据库时，iFIX 会将它们从内存中删除。

两种驱动程序都有下列共性：提供一个数据库块，它是能读取和写入的地址矩阵；支持模拟量和数字量数据库块；同时还支持文本块。

两种驱动程序的区别如表 2-8 所示。

**表 2-8　SM2 和 SIM 驱动程序区别**

| SM2 驱动程序 | SIM 驱动程序 |
| --- | --- |
| 提供三组独立的寄存器。模拟量块自动访问模拟量寄存器，数字量块自动访问数字量寄存器，文本块自动访问文本寄存器 | 提供一组模拟量，数字量和文本块共享的寄存器 |
| 改变一组寄存中的某个寄存器，不改变别组中相同的寄存器。例如，如果改变模拟量寄存器 1000 的值，则数字量寄存器 1000 的值不会改变 | 改变一个 SIM 驱动程序的寄存器的值将改变模拟量、数字量、文本寄存器的值。例如，如果改变模拟量寄存 1000 的值，则同一数字量寄存器的值也会改变 |
| 提供 20 000 个模拟量，20 000 个 16 位的数字量寄存器和 20 000 个文本寄存器 | 提供 2 000 个模拟量和数字量寄存器，总共 32 000 位 |
| 模拟量值存储在 4 字节(32 位)浮点寄存器中，编号从 0~19 999，传入值未缩放 | 将数字量值存储在 16 位整数寄存器中，编号从 0~2000。传入的 32 位值缩放为 16 位值(0~65 535) |
| 数字量的值(序号为 0~19 999)保存在 16 位的整数寄存器中 | 数字量的值(序号为 0~2000)保存在 16 位的整数寄存器中 |
| 文本值存储在 8 位寄存器中，编号从 0~19 999。每个寄存器保存一个文本字符，总共有 20 000 字节的文本 | 文本值(序号为 0~2000)保存在与模拟量和数字量值相同的 16 位整数寄存器中 |
| 提供一个寄存器来仿真通信错误 | 不能仿真通信错误，但 SIM 驱动程序通过 RK 提供寄存器 RA，通过 RZ 提供寄存器 RX 来产生随机数。详细信息请参阅在 SIM 驱动程序中使用信号发生寄存器部分 |
| 提供一个 C 语言的 API，允许访问 SM2 的模拟量、数字量和文本值 | 不支持 CAPI 来访问 SIM 的值 |
| 支持基于例外的处理 | 不支持基于例外的处理 |
| 当使能仿真的通信错误时，支持模拟量输入、模拟量报警、数字量输入、数字量报警和文本块锁定数据 | 不支持锁定数据 |
| 能读写每个 SM2 寄存器的单独报警状态 | 不能读、写每个 SIM 寄存器的单独报警状态 |
| 不提供报警计数器 | 提供显示 SCADA 服务器的报警计数器 |

**1. 建议使用 SIM 驱动程序的情形**

要产生一个循环特性曲线并由预定义值来帮助测试数据链，或者要使用报警计数器来显示 SCADA 服务器总的报警状态时，建议使用 SIM 驱动程序。

SIM 驱动器的基本功能包括存储临时数值（iFIX 中提供了 2000 个 16 位寄存器），生成仿真信号（iFIX 中提供了 14 个信号发生器，可以提供常用信号的仿真），提供系统信息（报警及系统计数器）。SIM 驱动器中的每一个寄存器对应一个地址，数据块可对 SIM 驱动器的寄存器进行读、写操作，相当于直接对地址进行操作。如果某一数据块写数据到某一寄存器，另一数据块则可从该寄存器读数据，同一个寄存器同一时刻只能进行读或写一个操作。当 SAC 启动或数据库重新载入时，iFIX 复位 SIM 地址。

SIM 驱动程序使用：在一级块的驱动程序字段中输入 SIM，用 register：bit 的语法完成 I/O 地址字段的访问。

对于模拟量值，寄存器范围从 0～1999，其不能以位为单位使用。

对于数字量值，寄存器范围从 0～1999，可以以位来访问，其范围从 0～15。寄存器＋位方式可以访问的范围是 0：0～1999：15。

SIM 驱动程序不支持模拟缩放（A_SCALE_* 和 F_SCALE_* 数据库字段）的使用。

例如：0：0、50：2、63：15 这些 SIM 地址都是合法的，如图 2-10 所示为使用的数据库标签。

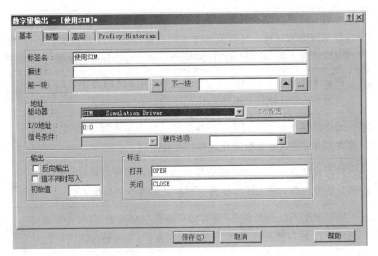

图 2-10　SIM 驱动程序举例

SIM 驱动程序只能是模拟量和数字量块共享一套寄存器。因此，可以将全部的 2000 个寄存器作为模拟量或数字量值来访问。当使用 SIM 驱动程序时，数据库管理器不接受对硬件选项和信号条件字段的设置。另外，SIM 驱动支持仅五位的精度，而不是标准的七位精度；基于时间处理，不能使用基于异常的处理；输出有效的数值，SIM 驱动程序不输出无效的数值。如果用户想测试系统的容错能力，则 SIM 不会发送通信错误（无效的数值）。

为了使用仿真数据测试数据库，SIM 驱动程序提供了一系列的寄存器来生成一个随机和预定义值的循环特性曲线。例如，可以生成一个梯度值来仿真指定数据链的特性，或者产生一系列的随机数来测试整个数据库，表 2-9 所示列出了可以利用的寄存器。

### 表 2-9　SIM 信号发生寄存器

| 寄存器 | 描述 | 有效输入项 |
|---|---|---|
| RA | 生成一个 EGU 范围从 0～100% 的梯度值，其变化率由 RY 寄存器控制 | 只读 |
| RB | 以每秒钟计 20 个数的速度，从 0～65 535 计数 | 只读 |
| RC | 通过一个 16 位的字转换一个二进制位，其变化率由 RZ 寄存器控制 | 只读 |
| RD | 生成一个 EGU 范围从 0～100% 的正弦波，其变化率由 RY 寄存器控制 | 只读 |
| RE | 生成一个 EGU 范围从 0～100% 的正弦波，其变化率由 RY 寄存器控制，这个正弦波相对于 RD 寄存器延迟 90° | 只读 |
| RF | 生成一个 EGU 范围从 0～100% 的正弦波，其变化率由 RY 寄存器控制。这个正弦波相对于 RD 寄存器延迟 180° | 只读 |
| RG | 生成一个 EGU 范围从 25%～75% 的随机数 | 只读 |
| RH | 生成一个梯度爬升到 EGU 为 100% 的值，然后再突降至 0%，其变化率由 RJ 寄存器控制 | 只读 |
| RI | 控制 RH 寄存器中值的梯度变化方向。当其值等于 0 时，寄存器 RH 梯度下降；当其值等于 1 时，寄存器 RH 梯度爬升。当 RH 达到 0～100% 的 EGU 限值的时候，其值会自动改变 | 数字值（0 或 1） |
| RJ | 控制 RH 寄存器中值的梯度变化速度（每小时的循环数）。缺省值为 60（每分钟一个循环） | 数字值（2～3600） |
| RK | 允许或禁止在 RH 寄存器中生成值。输入零可以冻结（禁止）梯度变化，输入非零值则允许梯度变化 | 数字值（0 或 1） |
| RX | 允许或禁止在其他寄存器中生成值。输入零可以冻结（禁止）所有的寄存器，输入非零值则允许在其他寄存器中生成值 | 数字值（0 或 1） |
| RY | 控制 RA、RD、RE 和 RF 寄存器中新值生成的速度（每小时的循环数）。缺省情况下，RY 寄存器设定为 60（每分钟一个循环） | 数字值（2～3600） |
| RZ | 控制 RC 寄存器中值改变的速度（每小时的循环数）。缺省情况下，RY 寄存器设定为 180（每分钟变化 3 位） | 数字值（2～1200） |

将某个寄存器指派到一个数据块步骤如下：

在块的驱动程序字段中输入 SIM；通过输入寄存器字母缩写，完成 I/O 地址字段设置。其使用格式为 register：bit。当且仅当使用一个数字量块的时候，才需要 bit 部分。

比如，为了使用 RA 寄存器生成一个梯度值，在 I/O 地址字段输入如下文本：RA，如图 2-11 所示。

所有的 SIM 寄存器都支持模拟量输入、模拟量寄存器、数字量输入和数字量寄存器。然而，如表 2-10 中所描述的，某些块在使用特定寄存器的时候，可以提供最佳的性能。

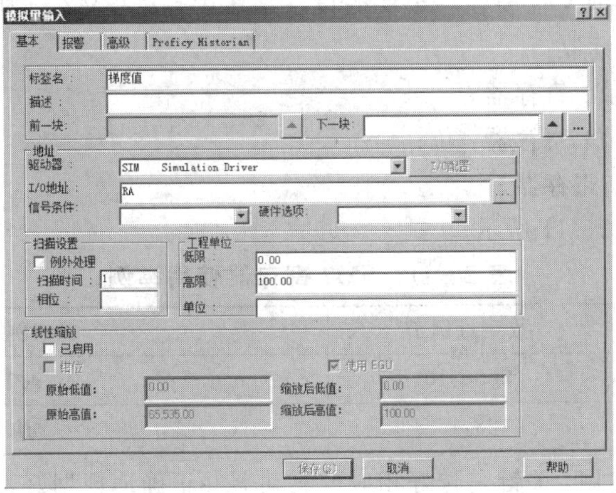

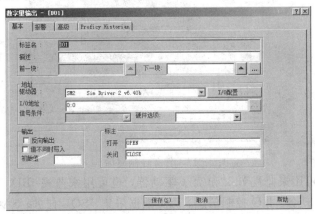

图 2-11　SIM 寄存器使用举例

### 表 2-10　特定的寄存器

| 块 | 最佳使用寄存器 |
| --- | --- |
| 模拟量输入 | RA、RD、RE、RF、RG 和 RH |
| 模拟量输出 | RJ、RY 和 RZ |
| 模拟量寄存器 | RA、RD、RE、RF、RH、RI、RJ、RK、RX、RY 和 RZ |
| 数字量输入 | RB 和 RC |
| 数字量寄存器 | RB、RC、RI、RK 和 RX |

**注意**：RB 和 RC 寄存器同时还支持数字量寄存器块 A_0～A_15 的偏移量。

### 2. 使用 SM2 驱动程序的情形

SM2 驱动程序基本由三组独立的寄存器组成：一组模拟量值，一组数字量值，一组文本值。模拟量数据库块仅从模拟量寄存器读、写数据。一旦一个块写入了值，别的块就可以从这个写入的寄存器读取值。数字量数据库块以同样的方式从数字量寄存器读、写数据。iFIX 启动时将清除所有 SM2 值。SM2 驱动程序不用硬件选项或信号条件字段，即设置时这些字段为灰色，如图 2-12 所示。

图 2-12　SM2 寄存器使用举例

使用 SM2 寄存器时，需要在一级块的设备字段中输入 SM2，同时要遵循下面的语法来完成 I/O 地址字段读取：

（1）对于模拟量值：寄存器；

（2）对于数字量值：寄存器：位；

（3）对于文本值：寄存器。

其使用举例如表 2-11 所示。

**表 2-11　SM2 寄存器使用举例**

| 模拟量例子 | 数字量例子 | 文本例子 |
|---|---|---|
| 1000 | 5000:10 | 2000 |
| 16 435 | 23:15 | off |

SIM 和 SM2 的使用，关键是选好相应的驱动器并正确地规划好寄存器的范围、I/O 地址的访问格式。

**注意**：不同的数据库标签不要出现地址重复的现象，这样会带来运行时的错误而不容易发现，所以使用前一定要规划好地址分配。

### 2.2.4　监视 I/O 驱动器

对 I/O 驱动器的监视可以通过任务控制程序和报警历史窗口两种方式来实现。通过选择 iFIX 工作台的"应用程序"→"任务控制"即可打开"任务控制"对话框（或从 Proficy iFIX 工作台系统树中选择任务控制），如图 2-13 所示。任务控制提供了一个简单易用的接口并能在后台运行监控 iFIX 程序。它为系统提供了一个窗口，帮助诊断 iFIX 系统中的可能发生的问题，提高服务器性能。

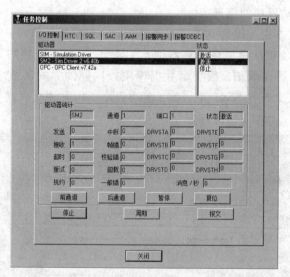

图 2-13　任务控制对话框

任务控制程序可用来监视 6.x 和 7.x 驱动器，也可用来监视 iFIX 程序。任务控制程序可监视以下 iFIX 任务：I/O 控制信息、历史数据采集、SQL 任务、SAC 任务、自动报警管理、报警同步和报警 ODBC 服务。每项标签页的描述如下：

（1）I/O 控制：允许监视 I/O 驱动程序通信统计和错误。

（2）HTC：允许启动和停止历史采集的后台任务并提供超载计数器。如果每次历史采集失败，超载计数器将累加 1。通过检查 HTC 的超载量，能查找采集策略是否有问题。

（3）SQL：允许启动和停止 SQL 任务并提供 SQL 有关信息，帮助监视 SQL 与 ODBC 关系型数据库的连接。

（4）SAC：允许启动和停止 SAC（扫描、报警、控制）任务，并提供 SAC 统计，帮助排除系统错误。例如，"块/秒"一栏能监视每秒扫描的数据块数。如果该值波动范围很大，则 iFIX 数据库块的相位不匹配。

（5）AAM：安装和操作期间允许监视自动报警管理器，并查看有关操作的消息。

（6）报警同步：允许用户监视在早期 iFIX 版本中同步的报警确认。此选项卡在 iFIX 5.1 版本中不可用。

（7）报警 ODBC：允许发送报警和消息给 ODBC 关系型数据库。一旦关系型数据库接收并储存数据后，通过数据库查询就能很容易地得到想要的信息。

要关闭"任务控制"对话框，在对话框的下边单击"关闭"按钮。

**注意**：关闭"任务控制"对话框不能终止所监控的任务，它只能关闭对话框本身。

任务控制程序还可以实现手动启/停 I/O 驱动器。在任务控制窗口，单击"I/O 控制"标签，选择相应的 I/O 驱动器，单击"启动"，即可启动该驱动器（注意：如果所选的 I/O 驱动器已启动，则该按钮显示为"停止"按钮）。当手动停止 I/O 驱动器时，可在"任务控制"对话框单击"I/O 控制"标签，选择相应的 I/O 驱动器，单击"停止"按钮，即可停止该驱动器（注意：如果所选的 I/O 驱动器已停止，则该按钮显示为"启动"按钮）。

## 2.2.5　通用 GE9 驱动的安装设置

iFIX 组态软件可以与多种类型的 PLC 控制器进行通信连接，将 PLC 中的数据采集到 iFIX 数据库中，PLC 与 iFIX 建立通信必须通过驱动。不同厂家、不同类型 PLC 与 iFIX 通信时所需要的驱动也不相同。例如，西门子的 PLC 需要安装的驱动是 S7A，欧姆龙 PLC 需要安装的驱动是 OMR/OMF，GE PAC 需要安装的驱动是 GE9。下面以 GE PAC 为例介绍一下 iFIX 与之通信时驱动的安装配置。

iFIX 的驱动程序按照以下方式来实现与设备的通信。

（1）通道。一个通道可以有多个设备。在基于串口的配置中，一个通道一般对应一个串口，此时就需要根据通信的硬件设备设置串口相应的通信参数（串口号、波特率、数据位、停止位和校验等）。

（2）设备。一个设备可以有多个数据块。在实际应用中，一个驱动的逻辑设备就对应一个实际的物理设备，此时要注意该物理设备相应的驱动通信参数（主要是设备站点号以及通信处理相关的参数）。

（3）数据块。一个数据块一般对应多个数据字。因为 iFIX 的每个数据块最大长度为 256 字节，所以当一个设备需要读取的数据超过 256 字节时就必须对设备分块。此时要根据需要读取的数据大小来配置数据块的参数（数据块的起始地址、数据块的结束地址、数据块的长度、数据块的类型等）。

**1. I/O 驱动的安装**

打开 GE9 驱动安装的文件夹,如图 2-14 所示,单击"Setup.exe",弹出如图 2-15 所示的画面,直接单击"Next"开始安装,继续单击"下一步"按钮,弹出选择安装目录界面,如图 2-16 所示,注意:最好不要更改默认的安装路径。单击"下一步",弹出如图 2-17 所示的界面,选择节点类型,在此选择"Sever"作为节点类型,单击"下一步"按钮继续安装,在随后的一系列的对话框中进行相应的选择,最后在如图 2-18 所示的安装完成对话框中单击"Done"按钮,I/O 驱动安装完成。

图 2-14 . GE9 文件夹

图 2-15 GE9 安装对话框

图 2-16 选择安装目录

图 2-17 选择节点类型

图 2-18 安装完成对话框

**2. I/O 驱动器的配置**

在保证 PME(Proficy Machine Edition)软件与 RX3i 系统通信成功的基础上开始 I/O 驱动的配置，具体步骤如下：

（1）依次单击"开始"→"程序"，找到安装目录下的"GE9 PowerTool"，单击运行 GE9 PowerTool 驱动配置程序。如图 2-19 所示，在配置对话框中，选择"Use Local Server"，单击"Connect"按钮继续，弹出如图 2-20 所示的界面。

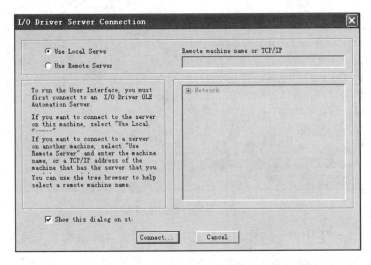

图 2-19　GE9 PowerTool 驱动配置程序

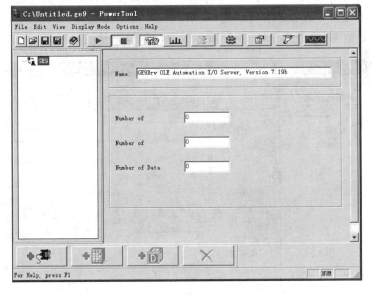

图 2-20　GE9 驱动配置窗口

一般的驱动程序只是一个后台程序，没有界面，而 PowerTool 不是驱动程序，只是一个配置程序，体现出来就是图 2-20 所示的配置界面，其主要作用就是配置驱动程序，告诉驱动从哪里读取数据，配置通道、设备、数据块。

（2）在图 2-20 中单击  按钮进行通信网卡配置，添加"Channel0"，并选中右边的"Enable"项，如图 2 - 21 所示。这里的 Channel 名称可以随意设置。

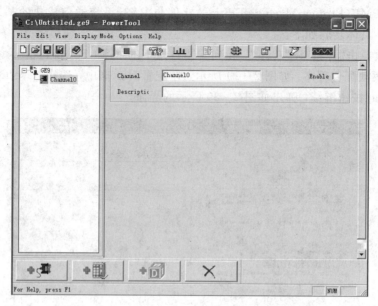

图 2 - 21　添加通道

（3）单击图 2 - 21 中的 按钮进行设备配置。此项配置非常重要，首先输入 Device名称，要写简单容易记忆的，因为这个名字在后面数据库配置时需要使用，一般多采用以 D 开头加数字结尾的形式，如 D0、D1 等，然后在"Primary"选项区中输入与之相连接的 PAC 的 IP 地址。最后选中"Enable"，即可完成驱动配置，如图 2 - 22 所示。

**注意：**此处的 IP 地址为 PAC 控制器中的 IP，不是电脑的 IP。

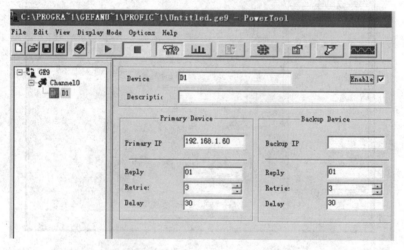

图 2 - 22　添加 Device0

（4）单击图 2 - 22 中的 按钮，进行数据块配置。数据块配置对应 PAC 控制器中的不同寄存器，用户可以添加多个数据块，数据块的长度可以根据所编程序中用到的数据大小进行相应的设置，如 PAC 内部数据寄存器 R 的配置，数据块的名字 Block 可以命名为 PAC 内部寄存器的名字，Starting 为数据块的起始地址，Ending 为数据块的终止地址，

Address 为数据块的长度，其中数据块中的 R1 对应 PAC 内部数据寄存器 R00001，R100 对应 R00100，在 iFIX 中建立数据库时可以直接输入 R1、R2、R3 等。配置完数据长度后，选中"Enable"，即配置完成。

与配置 R 数据块一样，还可以继续添加 M、I、Q、AI、AQ 等多个数据块。配置方法与上文介绍的相同。经过上述几个步骤就完成了 GE9 的驱动配置。如果需要对配置完成的驱动进行修改，可以单击 ✕ 按钮删除已配置的网卡、设备和数据块。图 2-23 至图 2-26 所示为添加不同类型的数据块示例。

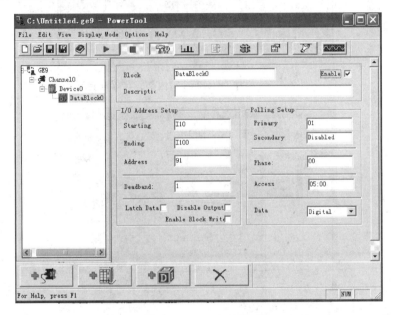

图 2-23　添加 DataBlock0（数字量输入配置）

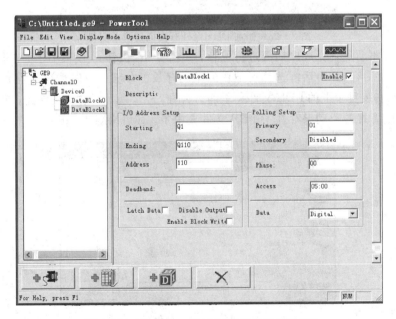

图 2-24　添加 DataBlock1（数字量输出配置）

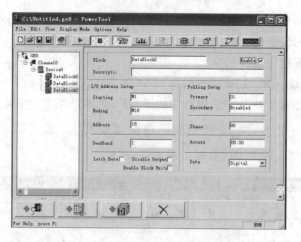

图 2-25　添加 DataBlock2（内部寄存器配置）

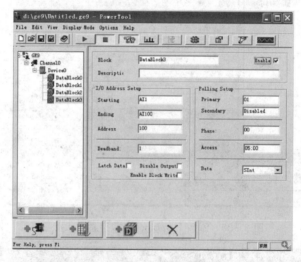

图 2-26　添加 DataBlock3（模拟量输入配置）

（5）驱动配置完成以后要进行保存，单击"File"按钮，在弹出的菜单中单击"save"按钮，在弹出"另存为"对话框选择所配置的驱动存放的位置，一般情况下配置好的驱动都存放在 iFIX 安装目录下的 PDB 文件夹里面。如图 2-27 所示，输入文件名，单击"保存"按钮，即将已配置好的驱动保存在了 PDB 文件夹中了。其后缀名为 GE9。

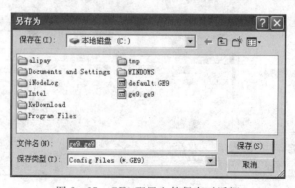

图 2-27　GE9 配置文件保存对话框

（6）设置驱动默认启动路径。单击 GE9 驱动配置窗口上方工具栏中的 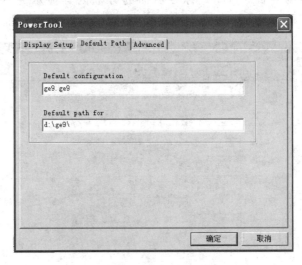 按钮，弹出如图 2-28 所示的界面，选择"Default Path"选项卡，在"Default configuration"栏输入上文中配置的驱动名字；在"Default path for"中输入配置驱动的保存位置地址，单击"确定"按钮，完成设置。GE9 驱动程序运行时将自动从默认路径中启动默认文件，驱动配置完成以后要检测驱动是否可以与 PAC 控制器进行通信。

图 2-28　"Default Path"选项卡

（7）在检测之前要先进行通信 IP 设置，即修改 HOSTS 文件。在 iFIX 安装盘中找到"WINDOWS"文件夹，按照 C：\WINDOWS\system32\drivers\ect\hosts 顺序打开文件，最后用"记事本"方式打开 hosts 文件，在 hosts 文件尾部加上 iFIX 和 PAC 的 IP 地址，如图 2-29 所示。

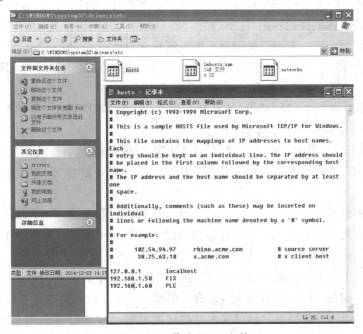

图 2-29　修改 hosts 文件

**注意：**FIX 所在行输入的是 iFIX 所安装的电脑 IP 地址（在此为 192. 168. 1. 50），PLC 所在行输入的是 PAC 控制器之前设置的 PAC 临时 IP 地址（在此为 192. 168. 1. 60）。

（8）返回驱动配置主页面窗口，单击工具栏上的 ▶ 按钮，运行 GE9 驱动程序。单击工具栏上的 ▟▙▙ 按钮（必须保证 Proficy Machine Edition 软件和 PAC 通信正常），弹出如图 2 - 30 所示的界面。"Data"标签后面的方框内容显示为"Good"，"Transmit" "Receives"标签数值跳变表明 GE9 驱动配置成功，已经可以和 PAC 控制器进行通信了。

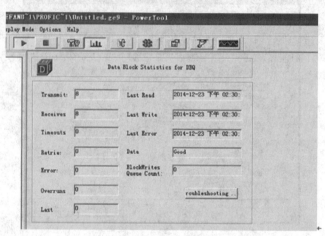

图 2 - 30　GE9 驱动运行成功

## 2.2.6　西门子 S7 - 300 PLC 编程及仿真软件

### 1. S7 - 300 PLC 编程软件

STEP 7 是一种用于对 SIMATIC 可编程逻辑控制器进行组态和编程的标准软件包。它是 SIMATIC 工业软件的一部分。STEP 7 是一个强大的工程工具，用于整个项目流程的设计。从实施计划配置、实施模块测试、集成测试调试到运行维护阶段，都需要不同功能的工程工具。STEP 7 工程工具包含整个项目流程的各种功能：CAD/CAE 支持、硬件组态、网络组态、仿真、过程诊断等。

STEP 7 标准组件由 SIMATIC 管理器、符号编辑器、硬件诊断、硬件组态、网络组态、多语言的用户程序编辑六部分组成。

（1）SIMATIC 管理器。SIMATIC 管理器可以集中管理一个自动化项目的所有数据，可以分布式地读、写各个项目的用户数据。其他的工具都可以在 SIMATIC 管理器中根据需要而启动。

（2）符号编辑器（Symbol Editor）。使用符号编辑器可以管理所有的共享符号。它具有以下功能：可以为过程 I/O 信号、位存储和块设定符号名和注释；为符号分类；导入/导出功能可以使 STEP 7 生成的符号表供其他的 Windows 工具使用。

（3）硬件诊断。硬件诊断功能可以向用户提供可编程序控制器的状态概况，可以显示符号，指示每个模块板是否有故障。双击故障模板，可以显示故障的有关信息。

（4）硬件组态。硬件组态工具可以为自动化项目的硬件进行组态和参数设置，可以对机架上的硬件进行配置，设置其属性。例如，设置 CPU 的启动特性和循环扫描时间的监控。通过对话框中提供的有效选项，系统可以防止不正确的输入。

（5）网络组态（NetPro）。网络组态工具用于组态通信网络的连接，包括网络连接的参数设置和网络各个通信设备的参数设置。选择系统集成的通信或功能块，可以轻松实现数据的传送。

这些工具之间能实时地相互配合和协调。比如，在符号表编辑器中添加变量名，那么打开程序编辑窗口时，STEP 7 程序中这些变量立即就以变量名的形式出现。也就是说，STEP 7 的数据管理能力较强，这使得其多个工具具有连续性的工作特点。STEP 7 的优点在后续的章节中会逐渐体现出来。

（6）编程语言。用于 S7 - 300 的编程语言梯形逻辑图（LAD）、语句表（STL）和功能块图（FBD）都集成在一个标准软件包中。梯形逻辑图是 STEP 7 编程语言的图形表达方式，它的指令语法与继电器的梯形逻辑图相似。语句表是 STEP 7 编程语言的文本表达式，CPU 执行程序时逐条地执行。功能块图（FBD）是 STEP 7 编程语言的图形表达方式，使用与布尔代数相类似的逻辑框来表达逻辑，复合功能可用逻辑框组合形式完成。

此外，还有四种编程语言可作为可选软件包使用，分别是 S7 SCL（结构化控制）编程语言、S7 Graph（顺序控制）编程语言、S7 HiGraph（状态图）编程语言、S7 CFC（连续功能图）编程语言。

**2. STEP 7 安装准备**

为了确保 STEP 7 软件的正常、稳定运行，不同的版本、型号对硬件、软件的安装环境有不同的要求，下面以汉化版的 STEP 7 V5.4 为例进行说明。在安装的过程中，必须严格按照要求进行安装；此外，STEP 7 软件在安装过程中还需要进行一系列设置，如通信接口的设置等。

1）STEP 7 安装的硬件要求

安装 STEP 7 对硬件的要求不仅与具体的软件版本有关，还与计算机的操作系统有关。对于 Windows 2000/XP 或 Windows Server 2003 操作系统来说，具体的硬件要求如下：

（1）在 Windows 2000/XP 专业版中安装 STEP 7 V5.4，要求计算机的配置如下：

内存：512MB 以上，推荐为 1GB。

CPU：主频为 600MHz 以上。

显示设备：XGA，支持 1024 * 768 像素分辨率，16 位以上的深度色彩。

（2）在 Windows Server 2003 中安装 STEP 7 V5.4，要求计算机的配置如下：

内存：1GB 以上。

CPU：主频 2.4GHz 以上。

显示设备：XGA，支持 1024 * 768 像素分辨率，16 位以上的深度色彩。

2）软件要求

STEP 7 V5.4 可以安装在以下操作系统：

（1）微软 Windows 2000 专业版（至少 SP4）。

（2）微软 Windows XP 专业版（至少 SP1 或 SP1a）。

（3）微软 Windows Server 2003 工作站（有或没有 SP1）。

IE 浏览器：IE 浏览器版本要求 6.0 或更高。

　　为了确保 STEP 7 软件的正常使用，一套正版的 STEP 7 软件除了两张光盘外，还有一张软盘，用于存储软件的授权。这张软盘的内容是只读的，不能复制，每安装一个授权，软盘上的授权计数器减 1，当计数器为 0 时，就不能再用它安装任何授权了。在安装 STEP 7 时，可以根据提示完成授权安装；也可以在安装时跳过，待以后再安装。

　　STEP 7 软件即使没有授权也可以正常使用，但是在使用过程中每隔一段时间便会弹出寻找授权对话框，以提醒使用者安装授权。

　　在安装 STEP 7 软件后，打开 Automation License Manager 窗口，如图 2 - 31 所示，在左侧目录选中期望传输的授权所在盘，在右侧的窗口选中期望传输的授权，单击鼠标右键选择 Transfer(传输)，打开传输授权对话框，选中期望的盘符即将授权传送到选择的盘符中。

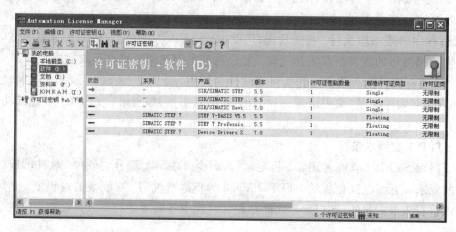

图 2 - 31　Automation License Manager 3.0 窗口

### 3. 安装 STEP 7

　　(1) 将 STEP 7 的安装光盘插入光驱中，打开光盘，双击其中的 Setup.exe，按照向导提示进行安装。在如图 2 - 32 所示的界面中选择安装语言。

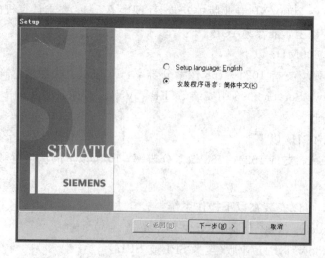

图 2 - 32　选择 STEP 7 安装语言

　　(2) 执行安装程序后，弹出安装软件选择窗口，如图 2 - 33 所示，从中选择需要安装的软件。因为 STEP 7 是一个集合软件包，里面含有一系列的软件，用户可根据需要进行选择。其中，STEP 7 V5.4 是编程软件，必须选择。Automation License Manager 是管理编程软件许可证密钥，必须安装。Adobe Reader 8 是阅读 PDF 格式文件的阅读器，在 STEP 7 中编写的程序是图形形式的，用户可根据具体的需要选择性安装。

（3）在如图 2 - 33 所示界面中完成相应设置后，单击"下一步"按钮，然后按照安装向导的提示进行操作。在正式安装软件之前，会弹出如图 2 - 34 所示的安装类型选择界面。在此，用户需要选择软件的安装类型，系统提供了典型的、最小的和自定义三种安装类型。

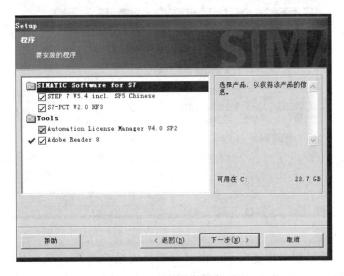

图 2 - 33　安装软件选择界面

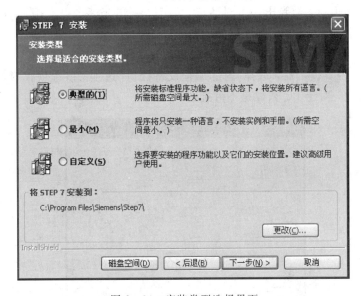

图 2 - 34　安装类型选择界面

① 典型的：安装 STEP 7 软件的所有语言、应用程序、项目示例和文档等。对于初次安装的用户来说，建议选择典型安装。

② 最小：只安装一种语言和基本的 STEP 7 程序。若要完成的控制任务比较简单，用户可选择最小安装类型，以节约系统资源。

③ 自定义：针对高级用户，根据用户的需求进行安装，更加灵活。

（4）在其后安装过程中还会提示用户传送密钥，如图 2-35 所示。

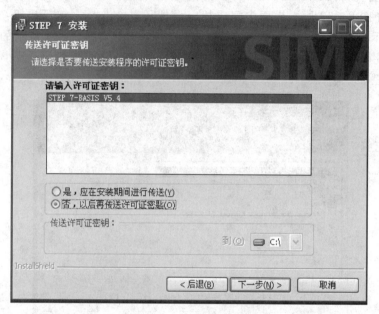

图 2-35　密钥传送设置

用户可以在安装过程中传送密钥，也可以选择安装完后再传送密钥。STEP 7 的密钥放在一张只读的软盘上，用来激活 STEP 7 软件。

（5）在安装结束后，会弹出一个对话框，如图 2-36 所示，提示用户为存储卡设置参数。具体各项含义如下：

① 用户没有存储卡读卡器，则选择"无"选项，一般选择该选项。

② 如果使用内置读卡器，选择"内部编程设备接口"选项。该选项仅对西门子 PLC 专用编程器 PG 有效，对于 PC 来说是不可选的。

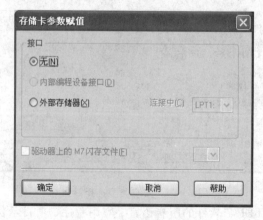

图 2-36　存储卡参数设置

③ 如果用户使用的是 PC，则可选择"外部存储器"。这里，用户必须定义哪个接口用于连接读卡器。

（6）用户还可以通过 STEP 7 程序组或控制面板中的"Memory Card Parameter（存储卡参数赋值）"修改这些参数设置。

（7）在设置过程中，会提示用户"设置 PG/PC 接口"，如图 2 - 37 所示，编程设备与 PLC(PC)之间的连接有一定的原则和规律，用户可根据需求进行设置。

图 2 - 37  设置 PG/PC 接口

（8）在"接口"栏中单击"选择"按钮，弹出如图 2 - 38 所示的"安装/删除接口"窗口，从中选择建立连接时需要安装的硬件模块。

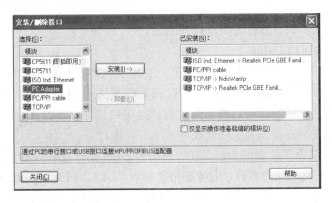

图 2 - 38  PG/PC 接口硬件模块的添加

安装 STEP 7 的注意事项：

（1）用户可以用安装光盘直接安装 STEP 7，也可以将光盘中的软件复制到硬盘后再安装，但是保存它们的文件夹的层次不能太多，各级文件的名称不能使用中文，否则安装时可能会出现"SSF 文件错误"的信息，如图 2 - 39 所示。建议在安装软件之前关闭 360 安全卫士这类软件。

图 2-39  SSF 文件错误

（2）如果在安装时出现"Please restart Windows before installing new programs"（安装新程序之前，请重新启动 Windows），或其他类似的英文信息，重新启动之后再安装软件，又出现上述信息，则可能是因为 360 安全卫士这种类似软件的作用，Windows 操作系统已经注册了一个或多个保护文件，以防止被删除或重命名。具体解决方法如下：

执行 Windows 的菜单命令"开始"→"运行"，在打开的对话框中输入"regedit"，打开注册编辑器。选中注册表左边的文件夹"HKEY_LOCAL_MACHINE\System\Current Control Set\Control"中的"Session Manager"，删除右边窗口中的条目"Pending File Rename Operations"，不用重新启动计算机，就可以安装软件了。可能安装每个软件都需要做同样的操作。

（3）注意西门子自动化软件的安装顺序。用户必须先安装 STEP 7，再安装上位机组态软件 Win CC 和人-机界面的组态软件 Win CC Flexible，这是个推荐顺序，不遵守则可能出错。

（4）Windows 7 不再支持 STEP 7 V5.4，要安装 STEP 7 V5.5 才行。

（5）安装 STEP 7 时，最好关闭监控和杀毒软件。

**4. 仿真软件 S7 - PLCSIM**

仿真软件 S7 - PLCSIM 是集成在 STEP 7 中的一个非常实用的软件，在 STEP 7 环境下，不用连接任何 STEP 7 系列的 PLC(CPU 或 I/O 模块)，就可以通过仿真的方法来模拟 PLC 的 CPU 中用户程序的执行过程和测试用户的应用程序。该仿真软件可在开发阶段发现和排除错误，提高程序的质量、降低成本。

S7 - PLCSIM 提供了简单的界面，可用编程的方法（如改变输入的通/断状态、输入值的变化）来监控和修改不同的参数，也可使用变量表(VAT)进行监控和修改变量。

S7 - PLCSIM V5.4 是用于 S7 - 300/400 PLC 程序仿真的 STEP 7 可选工具软件，它能够用在编程器(PG)或个人计算机(PC)上，模拟 S7 - 300/400 系列 PLC 的实际工作情况，进行程序的离线运行试验，以检验程序的正确性。

由于 S7 - PLCSIM 仿真软件具有模拟 PLC 执行用户程序全过程的功能，并可以在无任何硬件的情况下模仿实际工作状态，因此，设计者可以在软件的设计、开发阶段发现程序中可能存在的错误与问题，验证程序的动作正确性，从而大幅度加快现场调试进度，减少调试过程中出现故障的可能性。

通过 S7 - PLCSIM V5.4 仿真软件，可以对系统的组织块(OB)、系统功能块(SFB)、系统程序块(SFC)进行仿真。在 S7 - PLCSIM V5.4 仿真软件中，不仅可以对指令表(STL)、梯形图(LAD)、逻辑功能图(SFB)程序进行仿真，而且还可以对 S7 Graph、S7 Hi - Graph、S7 - SCL 和 CFC 程序进行仿真操作。

S7 - PLCSIM V5.4 仿真软件功能如下：

(1) 仿真软件可以通过仿真软件运行窗口，进行 PLC 的工作模式(RUN、STOP 等)的转换，控制 PLC 的运行状态。

(2) 仿真软件可以直接模拟生产现场，改变输入信号(I、PI)的 ON/OFF 状态，同时观察有关输出变量(Q、PQ)的状态，以监控程序的实际运行结果。在仿真的时候应注意，I/O 映像区和直接外设 I/O 是同步动作的。

(3) 仿真软件可以访问模拟 PLC 的 I/O 存储器、累加器和寄存器，对模拟 PLC 的位寄存器、外围输入变量区和输出变量区以及存储的数据进行读、写操作。

(4) 仿真软件可对定时器和计数器进行监控、修改，或通过相应的 PLC 程序使其进入自动运行状态，也可以对其进行手动复位。

(5) S7 - PLCSIM 可以使用 PLC 的中断组织块程序测试特性，进行操作事件的记录、回放等动作，自动测试程序。

S7 - PLCSIM 提供了一个简单的操作界面，可监控或修改程序中的参数，例如直接进行数字量的输入操作。当 PLC 程序在仿真 PLC 上运行时，可继续使用 STEP 7 软件中的各种功能，例如，在变量表中进行监控或修改变量。

S7 - PLCSIM 的具体使用步骤如下：

(1) 打开 S7 - PLCSIM 。用户可以通过 SIMATIC 管理器中工具栏上的 ▦ 按钮打开/关闭仿真软件。如图 2 - 40 所示，此时系统自动装载仿真的 CPU。当 S7 - PLCSIM 运行时，所有的操作都会自动与仿真 CPU 相关联。

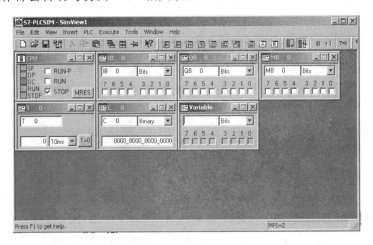

图 2 - 40　S7 - PLCSIM 软件界面

(2) 插入"View Objects"(视图对象)。用户通过生成视图对象，可以访问存储区、累加器和仿真 CPU。在视图对象上可显示所有数据。执行菜单命令"Inset"或直接单击图 2 - 41 所示工具栏上的相应按钮，可在 S7 - PLCSIM 窗口中插入以下视图对象。

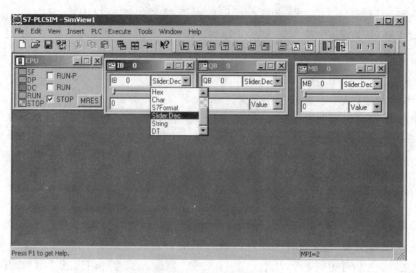

图 2-41　变量显示"Slider：Dec"

① Input Variable：允许访问输入(I)存储区。

② Output Variable：允许访问输出(Q)存储区。

③ Bit Memory：允许访问位存储区(M)中的数据。

④ Timer：允许访问程序中用到的定时器。

⑤ Counter：允许访问程序中用到的计数器。

⑥ Generic：允许访问仿真 CPU 中所有存储区，包括程序使用到的数据块(DB)。

⑦ Vertical Bits：允许通过符号地址或绝对地址来监控或修改数据；可用来显示外部 I/O 变量(PI/PO)、I/O 映像区变量(I/O)、位存储区、数据块等。

对于插入的视图对象，可输入需要仿真的变量地址，而且可根据被监视变量的情况选择显示格式：Bits、Binary、Hex、Decimal 和 Slider：Dec(滑动条控制功能)等。变量显示 "Slider：Dec"的视图如图 2-41 所示，用户可以控制滑动条在一定范围内改变仿真给定值。Input Variable、Output Variable、Bit Memory 三个存储区的仿真可使用这个功能。

（3）下载项目到 S7-PLCSIM。在下载前，首先执行菜单命令"PLC/Power On"，为仿真 PLC 上电(一般默认选项是上电)，通过菜单命令"PLC/MPI Address"设置与项目中相同的 MPI 地址(一般默认 MPI 地址为 2)，然后在 STEP 7 软件中单击 ▥ 按钮，将已经编译好的项目下载到 S7-PLCSIM。若单击 CPU 视图中的"MRES"按钮，可清除 S7-PLCSIM中的内容，此时如果需要调试程序，必须重新下载程序。

（4）选择 CPU 运行的方式。执行菜单命令"Execute"→"Scan Mode"→"Singles can"，使仿真 CPU 仅执行程序一个扫描周期，然后等待开始下一次扫描；执行菜单命令 "Execute"→"Scan Mode"→"Continuous can"，仿真 CPU 将会与真实 PLC 一样连续周期性地执行程序。如果用户对定时器(Timer)或计数器(Counter)进行仿真，这个功能非常有用。

（5）调试程序。用各个视图对象中的变量模拟实际 PLC 的 I/O 信号，用它来产生输入信号，并观察输出信号和其他存储区中的内容的变化情况。模拟输入信号的方法是：用鼠标单击图 2-41 中 IB 0 的第一位(即 I0.1)处的选框，则在框中出现符号"√"，表示 I0.1 为 ON；若再次单击这个位置，则"√"消失，表示 I0.1 为 OFF。在"View Objects"中所做的改变会立即引起存储区地址中的内容发生相应变化，仿真 CPU 并不会等待扫描开始或结束才更新数据。在执行程序的过程中，可检查并离线修改程序，保存后再下载，之后继续调试。

（6）保存文件。当退出仿真软件时，用户可以保存仿真时生成的 LAY 文件及 PLC 文件，便于下次仿真这个项目时使用本次的各种设置。LAY 文件用于保存仿真时各视图对象的信息，如选择的数据格式等；PLC 文件用于保存仿真运行时设置的数据和动作等，包括程序、硬件组态、设置的运行模式等。

**5. 仿真 PLC 与真实 PLC 的差别**

仿真 PLC 特有的功能：

（1）可立即暂停执行用户程序，对程序状态不会有什么影响。

（2）由 RUN 模式进入 STOP 模式不会改变输出状态。

（3）在视图对象中的变动会立即使对应的存储区中的内容发生相应的改变，而实际 CPU 要等到扫描周期结束时才会修改存储区。

（4）可选择单次扫描或连续扫描，而实际 PLC 只能连续扫描。

（5）可使定时器自动运行或手动运行，可手动复位全部定时器或复位指定的定时器。

（6）可手动触发下列中断组织块：OB40～OB47（硬件中断）、OB70（I/O 冗余错误）、OB72（CPU 冗余错误）、OB73（通信冗余错误）、OB80（时间错误）、OB82（诊断错误）、OB83（插入/拔出冗余错误）、OB85（程序顺序错误）与 OB86（机架故障）。

（7）对映像存储区与外设存储器的处理。如果在视图对象中改变了过程输入的值，S7 - PLCSIM 立即将它复制到外设存储器。在下一次扫描开始，外设输入值被写到过程映像寄存器时，希望的变化不会丢失，在改变过程输出值时，它被立即复制到外设输出存储区。

仿真 PLC 与真实 PLC 的区别有以下几点：

（1）仿真 PLC 不支持写到诊断缓冲区的错误报文，例如，不能对电池失电和EEPROM故障仿真，但是可以对大多数 I/O 错误和程序错误仿真。

（2）仿真 PLC 工作模式的改变（例如，由 RUN 转换到 STOP 模式）不会使 I/O 进入"安全状态"。

（3）仿真 PLC 不支持功能块和点对点通信。

（4）仿真 PLC 支持有四个累加器的 S7 - 400 CPU。在某种情况下，S7 - 400 与只有两个累加器的 S7 - 300 的程序运行可能不同。

（5）S7 - 300 的大多数 CPU 的 I/O 是自动组态的，模块插入物理控制器后被 CPU 自动识别。仿真 PLC 没有这种自动识别功能。如果将自动识别 I/O 的 S7 - 300 CPU 的程序下载到仿真 PLC，系统数据没有包括 I/O 组态。因此，在用 S7 - PLCSIM 仿真 S7 - 300 程序时，如果想定义 CPU 支持的模块，首先必须下载硬件组态。

## 2.2.7　西门子 PLC 驱动配置

西门子 S7 - 300 PLC 的编程软件 STEP 7、仿真软件 S7 - PLCSIM 和 iFIX 组态监控软件安装完成后，下一步就是在 iFIX 组态软件中安装西门子 S7A 驱动，S7A 驱动用于将 S7 - 300 PLC 中的数据读取到 iFIX 组态中。

**1. 安装 S7A 驱动**

S7A 驱动安装包如图 2 - 42 所示。

图 2-42  S7A 驱动安装包

安装 S7A720_224 目录的 setup.exe，然后再将 S7ADrv_KEY 里面的 2 个文件拷贝到 iFIX 安装目录并覆盖原文件，如图 2-43 所示，选择全部覆盖，这样驱动就不受时间限制了。默认将原文件覆盖，这样驱动就安装完成了。

图 2-43  S7A 驱动安装目录覆盖

安装完成后，还需要将 S7A 驱动添加到 SCU。在 iFIX 的 SCU 窗口中，单击主菜单中的"配置"，在下拉菜单中选中"SCADA"，弹出如图 2-44 所示的对话框，单击"I/O 驱动配置名称"后面的按钮，弹出"可用驱动器"对话框，这里显示出所有已经安装的驱动程序。选择 S7A 驱动并单击"确定"按钮，随后单击"添加"按钮，就完成了 S7A 驱动的添加，保存 SCU 配置，就可以进行下一步工作了。

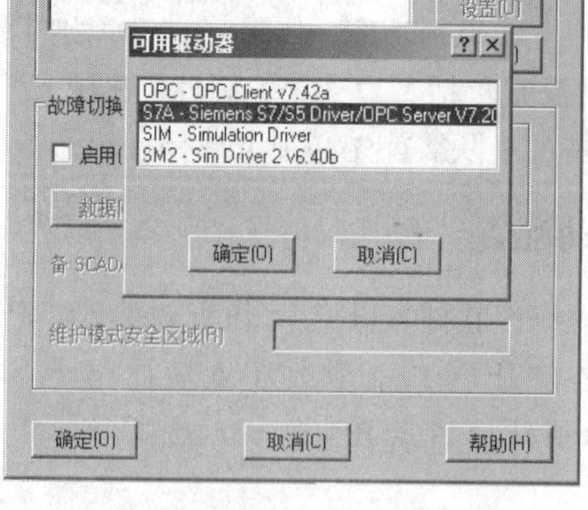

图 2-44  "SCADA"配置对话框

**2. STEP 7 中程序的编写**

SIMATIC 管理器是 STEP 7 的窗口，是用于 S7－300 PLC 项目组态、编程和管理的基本应用程序。在 SIMATIC 管理器中进行项目设置、配置硬件并为其分配参数、组态硬件网络、程序块、对程序进行调试(离线方式或在线方式)等操作，操作过程中所用到的各种 STEP 7 工具，会自动在 SIMATIC 管理环境下启动。

(1) 启动编辑器之前，首先要先启动 SIMATIC 管理器。如果计算机中安装了 STEP 7 软件包，则启动 Windows 以后桌面上就会出现 SIMATIC 管理器图标。

快速启动 STEP 7 的方法：

① 在桌面上双击 SIMATIC 管理器图标，打开 SIMATIC 管理器窗口。

② 在 Windows 的任务栏中单击"开始(Start)"→"SIMATIC"。

在 SIMATIC 管理器窗口下双击要编辑的块(如图 2－45 所示的 OB1)，就可以打开编辑器窗口。

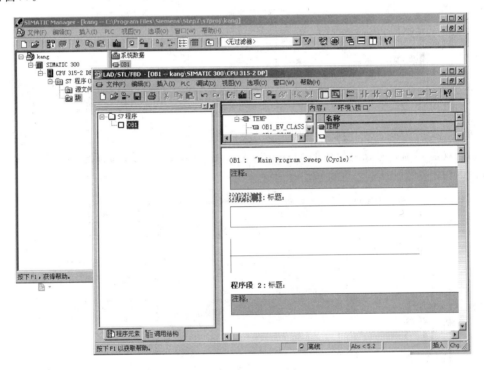

图 2－45　打开编辑器窗口

(2) 在 PG/PC Interface 设置对话框里选择 PLCSIM(MPI)。启动 PLCSIM 时选择相应的 MPI 会改变 PG/PC Interface 设置，所以这一步其实可以省略，不过还是建议检查一下。

(3) 完成硬件组态。"组态"指的是在配置机架(HW Config)窗口中对机架、模块、分布式 I/O(DP)机架以及接口模块进行排列。使用组态表示机架，就像实际的机架一样，可以在其中插入该机架相应槽对应的模块。

硬件组态的任务是在 STEP 7 的配置机架窗口中，组态一个与实际硬件相同的硬件系统，使得软件与硬件一一对应。机架上的所有模块参数在组态过程中使用的软件设置、CPU 参数保存在系统数据(SDB)中，其他模块的参数保存在 CPU 中。

在设计一个控制系统之前，按照控制系统性质决定使用的硬件及网络配置，然后在硬件组态窗口中，定义每一个模块的参数，包括 I/O 地址、网络地址及通信波特率等。设置完成的硬件组态窗口如图 2-46 所示。硬件组态好后要进行相应的编译和下载。

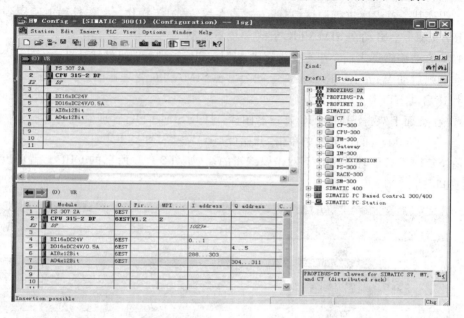

图 2-46　硬件组态窗口

（4）双击 OB1，完成主程序的编写，如图 2-47 所示。这里编写的程序比较简单，主要是测试 STEP 7 和 iFIX 之间的通信是否建立。

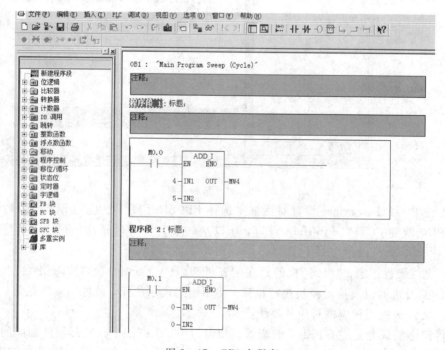

图 2-47　OB1 主程序

（5）设置完成后，可以在 STEP 7 中测试程序运行的效果。程序在 PLCSIM 中的运行结果如图 2 - 48 所示。在 OB1 中单击菜单栏中的监视按钮 🔘 也可以实现监控，但是在和 iFIX 建立通信监控时不要再让 OB1 处于监控状态。这样会因同时去监控而出现错误，但可以实现 iFIX 和 PLCSIM 的通信监控。

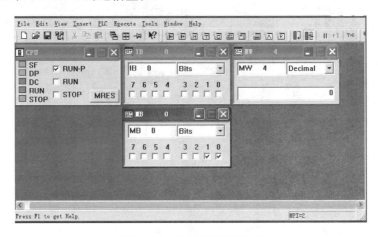

图 2 - 48　PLCSIM 运行结果

### 3. S7A 驱动的配置

iFIX 组态软件能够利用 S7A 驱动通过 MPI 协议采集 S7 - 300 PLC 的实时数据，实现对现场数据的监控调试。用户可以利用 Power Tool 对 S7A 驱动进行通信的基本设置，设置硬件的通信、设备和数据块。

（1）通道配置。通道用于定义 SCADA 和过程硬件之间的通信，它可以是一个特定的硬件或一设备网，在设备文件中可找到大多数配置参数，如波特率、数据位等。

在配置好 S7A 驱动的 SCU 中，如图 2 - 49 所示，单击其左下角的 S7A 按钮，弹出如图 2 - 50 所示的"驱动器配置"对话框。

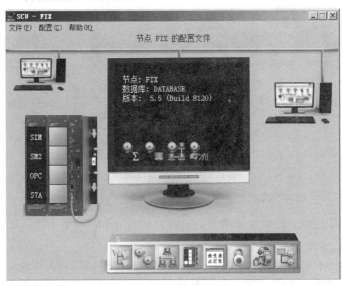

图 2 - 49　配置好 S7A 驱动的 SCU

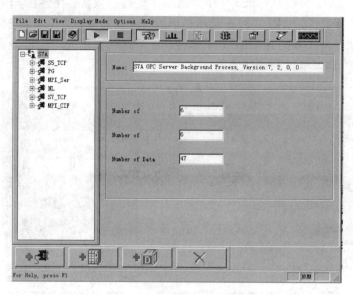

图 2-50　"驱动器配置"对话框

（2）添加通道。在"驱动器配置"对话框单击  按钮建立通信通道，在弹出的对话框中选 PG 通道，在 Access Point 中选 S7 ONLINE→PLCSIM（MPI），并勾选"Enable"，这里主要和 STEP 7 的 PG/PC Interface 设置对话框里的选择一致，如图 2-51 所示。

图 2-51　添加通信通道

（3）添加设备。继续在"驱动器配置"对话框中单击 按钮添加设备。在弹出的对话框里设置好 MPI 地址、机架号和槽号，同时勾选"Enable"，如图 2-52 所示。其中一些选项的含义如下：

MPI/PB Address：MPI 地址，与西门子 PLC 软件中设置的 MPI 地址一致，通常为 2。

Rack：机架号，如果没有扩展机架，默认的地址为 0，只有在硬件冗余的情况下才需更改机架号。

Slot no. of：槽号。S7－300 系统 CPU 通常在 2 号槽（如果是 S7－400，则在 2～4 之间，具体选择依赖于电源）。

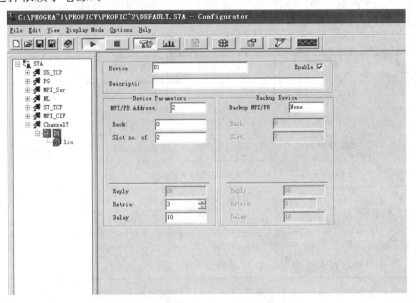

图 2-52　添加设备

（4）添加数据块。配置数据块是告诉驱动读取设备中的哪些数据，如图 2－53 所示。Block 栏用于定义数据块的名字。I/O Address Setup 选项用于定义数据块的地址，包括 Starting Address（数据块的起始地址）、Ending Address（数据块的结束地址）和 Address Length（数据块的地址长度）。其他选项有 Deadband（数据块的死区），Disable Output（数据块输出使能），Enable Block Write（写数据块使能）。Polling Setup（轮询设置）包括 Primary（主刷新轮询率）、Secondary（备用轮询率）。

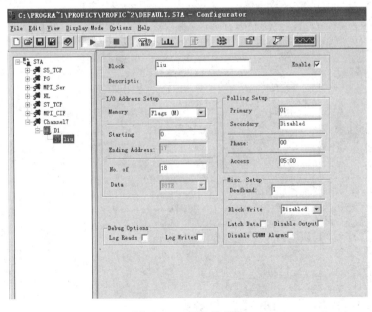

图 2-53　添加数据块

在"驱动器配置"对话框中单击 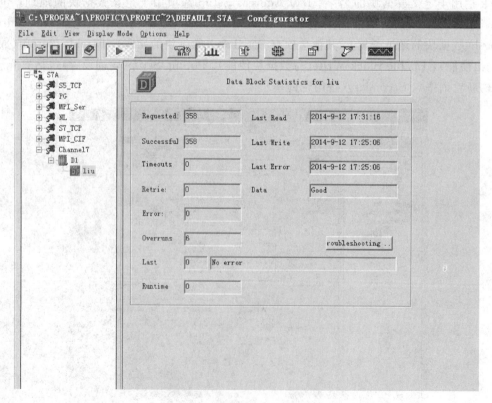 按钮建立数据块，接着在弹出的对话框中设置具体的内部寄存器及起始地址，最后勾选"Enable"，并选择数据块读、写性能，设置内存储器，可以使用的内存储器如表 2－12 所示。

表 2－12　内存储器说明

| 内存寄存器 | 描述 | 地址范围 | 最大长度/字节 | 数据类型 |
|---|---|---|---|---|
| I | 输入寄存器 | 0～255 | 256 | 字节、字、整数、双字、双整数、实数或 ASCII 码 |
| Q | 输出寄存器 | 0～255 | 256 | |
| M | M 存储器 | 0～16 348 | 256 | |
| DB | 数据块 | 0.0～4 095.655 35 | 1024 | |
| T | 定时器 | 0～511 | 128 | 字 |
| C | 计数器 | 0～511 | 128 | 字 |
| AS | PLC 状态 | 0～1 | 2 | 字 |
| AI | PLC 版本信息 | 0～21 | 22 | 字 |

（5）配置完成之后，单击运行 ▶ 和统计 📊 按钮，即可看到如图 2－54 所示的配置运行结果。在统计窗口里可以看到 Requested 的数据在增长，同时 Successful 的数据也相应（数字相同）地增长，说明连接成功。注意 PLCSIM 应该是处于运行状态。

图 2－54　驱动器配置运行结果

**4. iFIX 数据库配置及界面开发**

（1）数据库管理器的配置。在 iFIX 主页面中单击 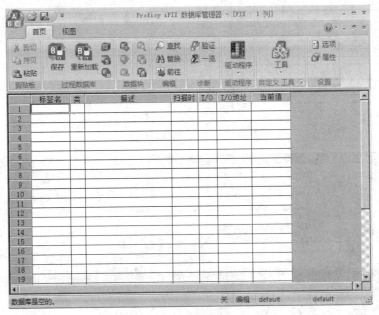 按钮进行数据库配置，如图 2-55 所示。双击方格空白区进行数据库标签的配置，如图 2-56 和图 2-57 所示。同时在图 2-57 中打开高级选项卡，选中"允许输出"选项，如图 2-58 所示。标签名为 SF 变量和 OB1 程序中的 M0.1 建立对应连接关系，仿照 SF 的变量建立的方法，同样建立一个 SHEJ 变量，和 OB1 程序中的 M0.0 建立对应连接关系。

图 2-55　数据库管理器

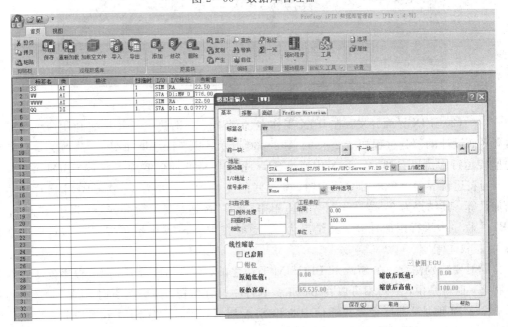

图 2-56　模拟量数据库标签

图 2-57　数字量数据库标签

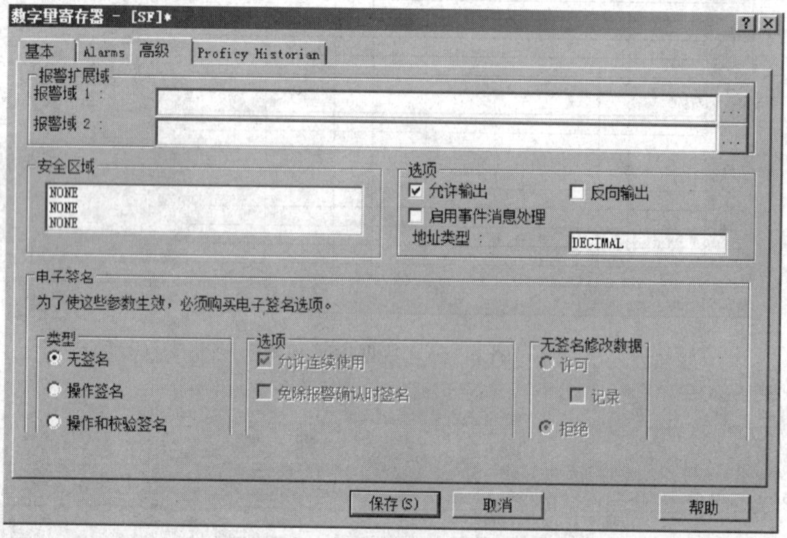

图 2-58　数字量标签的高级设置

（2）iFIX 界面开发。在 iFIX 工作台的界面上分别放置操作按钮和相应的数据连接，界面设计的部分过程如图 2-59、图 2-60 所示，其运行结果如图 2-61 所示，从 iFIX 的监控运行中可以看到，在 iFIX 中通过 S7A 驱动由 MPI 通信实现了对 PLCSIM 数据的读取。当在运行界面上单击"计算"按钮，其关联的变量 M0.1 变为 1，在 OB1 主程序中进行相加计算，其结果为 9。当在运行界面上单击"清零"按钮，其关联的变量 M0.0 变为 1，在 OB1 主程序中进行相加计算，其结果为 0。同时在 PLCSIM 中也可以看到其对应的变量为 1。

同时要特别注意：在 S7A 和 PLCSIM 通信之前，一定不要让任何 S7 程序处于在线监控状态，也就是说，绝对不可以在 STEP 7 软件中打开监视，因为仿真时 S7A 和 S7 会占用同一个 MPI 地址，那样会导致通信中断和 S7A 崩溃，同时 PLCSIM 和 STEP 7 也会错误崩溃，直接导致必须注销系统后才能恢复正常。

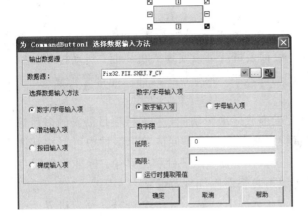

图 2-59　为按钮建立数据输入方法(一)

图 2-60　为按钮建立数据输入方法(二)

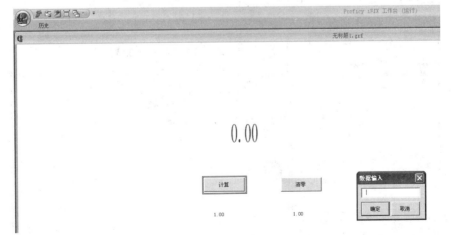

图 2-61　运行结果

## 2.2.8 GE 智能平台编程软件 PME

GE PAC 编程采用通用的 PME(Proficy Machine Edition)软件平台，它是一个适用于逻辑程序编写、人机界面开发、运动控制及控制应用的通用开发环境。

### 1. PME 概述

PME 是一个高级的软件开发环境和机器层面自动化维护环境，其提供集成的编程环境和共同的开发平台。通过 PME，编程人员就可以实现人机界面、运动控制和执行逻辑的开发。PME 是一个包含若干软件产品的环境，其中每个软件产品都是独立的。但是，每个产品在相同的环境中运行。

PME 提供统一的用户界面，全程拖放的编辑功能，及支持项目需要的多目标组件的编辑功能。在同一个项目中，用户自行定义的变量在不同的目标组件中可以相互调用。PME 内部的所有组件和应用程序都共享一个单一的工作平台和工具箱。标准化的用户界面可减少学习时间，而且新应用程序的集成不包括对附加规范的学习。

PME 可以用来组态 PAC 控制器、远程 I/O 站、运动控制器以及人机界面等；可以创建 PAC 控制程序、运动控制程序、触摸屏操作界面等；可以在线修改相关运行程序和操作界面；还可以上传、下载工程，监视和调试程序等。PME 的组件包括以下几种：

（1）View(人机界面组件)。它是一个专门设计用于全范围的机器级别操作界面/HMI 应用的 HMI。

（2）Logic Developer PC (逻辑开发器 PC)。PC 控制软件组合了易于使用的特点和快速应用开发的功能。

（3）Logic Developer PLC(逻辑开发器 PLC)。PLC 可对所有 GE Fanuc 的 PLC、PAC Systems 控制器和远程 I/O 进行编程和配置。

（4）Motion(运动控制开发器)。其可对所有 GE Fanuc 的 S2K 运动控制器进行编程和配置。

PME 的组件如图 2-62 所示。

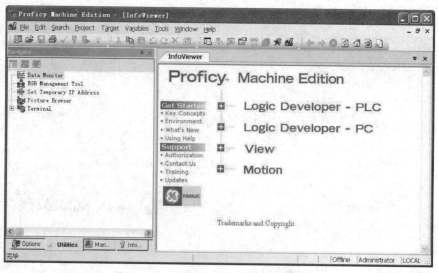

图 2-62 PME 软件启动后的组件显示

**2. PME 软件安装**

目前，PME 软件已经更新到 8.1 版本，现以 PME 7.0 为例介绍软件的安装过程。安装 PME 7.0 的计算机需要满足以下条件。

操作系统需要满足下列之一：Windows® NT version 4.0 with service pack 6.0 或更新；Windows 2000 Professional；Windows XP Professional；Windows ME；Windows 98 SE。

浏览器：必须满足 Internet Explorer 5.5 with Service Pack 2 或更新（在安装 Machine Edition 之前必须先安装 IE5.5 SP2）。

硬件需要满足下列条件：500 MHz 基于奔腾的计算机（建议主频 1 GHz 以上）；128 MB RAM（建议 256 MB）；支持 TCP/IP 网络协议计算机；150～750 MB 硬盘空间；200 MB 硬盘空间用于安装演示工程（可选）。另外，需要一定的硬盘空间用于创建工程文件和临时文件。

建议安装在 Windows XP 操作系统下，不推荐 Windows 7 系统，具体操作步骤如下：

(1) 将 PME 安装光盘插入到电脑的光驱中或在安装源文件中找到 Setup.exe 图标，双击并运行，弹出安装界面，如图 2-63 所示。

图 2-63　PME 安装界面

(2) 选择第一行"安装 Machine Edition"，弹出选择安装程序语言的对话框，从下拉选项中选择"中文（简体）"项，并单击"确定"按钮，如图 2-64 所示。

图 2-64　选择语言界面

（3）安装程序将自动检测计算机配置，当检测无误后，安装程序将启动 InstallShield 配置专家，单击"下一步"按钮继续安装，如图 2－65 和图 2－66 所示。

图 2－65　启动配置专家

图 2－66　配置专家对话框

（4）安装程序将配置用户协议，在阅读完协议后依次单击"接受授权协议条款"和"下一步"按钮继续安装，如图 2－67 所示。

图 2－67　接受授权协议对话框

（5）安装程序将配置程序的安装路径及安装内容。点击"修改"按钮，弹出选择安装路径对话框，软件默认的安装位置是 C 盘，这时需要注意 PME 不支持中文路径，不然会出现未知的编译错误，建议用户尽量不要使用默认的安装位置，尽量不要将软件安装在 C 盘内，如图 2-68 所示。单击"下一步"按钮继续安装。

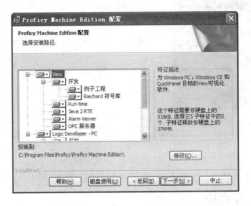

图 2-68　安装路径及内容对话框

（6）安装程序将准备安装，点击"安装"按钮继续安装，如图 2-69 所示。

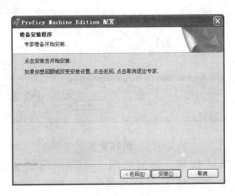

图 2-69　安装对话框

（7）安装程序将按照以上配置的路径进行安装，将弹出图 2-70 所示的安装进度提示对话框。等待一段时间后，对话框中提示 InstallShield 已经完成 Proficy Machine Edition 安装，单击"完成"按钮，如图 2-71 所示。

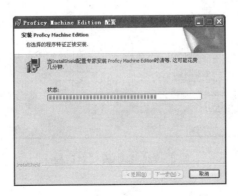

图 2-70　安装进度提示对话框

图 2-71　安装完成对话框

（8）安装程序将询问是否安装授权，点击"Yes"，添加授权文件；点击"No"，不添加授权文件。根据授权种类选择相应选项，如图 2-72 所示。

图 2-72　授权安装对话框

在图 2-72 中，单击"Yes"按钮，弹出如图 2-73 所示的添加授权对话框。单击"Key Code"按钮弹出如图 2-74 所示的输入授权对话框，分别输入相应的序列号和 Key Code 即可。这样，重启电脑后，PME 的整个安装过程结束。

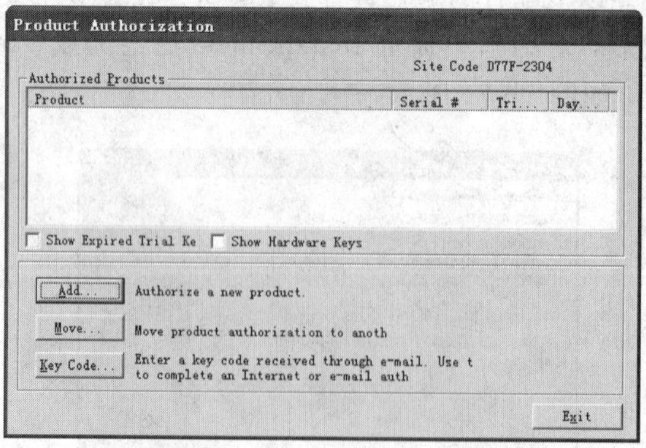

图 2-73　添加授权对话框

图 2-74　输入授权对话框

**3. PME 的使用**

　　安装完 PME 软件后，可在 Windows"开始"菜单运行 PME，即单击"开始"→"所有程序"→"Proficy"→"Proficy Machine Edition"→" Proficy Machine Edition"或者将此可执行标志发送到桌面快捷方式，之后直接双击桌面上的 图标运行 PME 软件。

　　第一次运行 PME 时，将出现选择环境主题的界面。其中，有几种不同的主题可供选择，不同主题确定不同的窗口的布局、工具栏和其他设置使用的开发环境，如图 2-75 所示。用户可以根据目前的控制器种类，选择对应的开发环境主题，在本书中，控制器为PAC，选择"Logic Developer PLC"，点击"OK"按钮即可。若想以后更改开发环境，可以通过选择"Windows→Apply Theme"菜单进行更改。当打开一个工程后进入的窗口界面和在开发环境选择窗口中所预览到的界面是完全一致的。

图 2-75　开发环境选择界面

　　当打开 PME 软件后，出现 PME 软件工程管理提示画面，如图 2-76 所示。相关功能已经在图中标出，可以根据实际，做出适当选择。

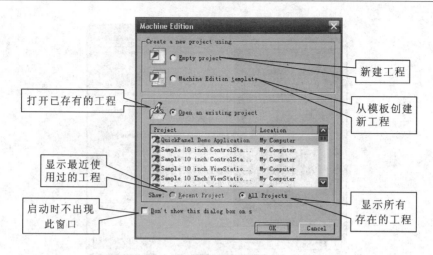

图 2-76　工程选择窗口

选择合适的选项来打开一个工程，打开已有的工程是系统缺省选择。

**注意**：（1）如果选择了新建工程或者从模板创建新工程，还需要通过"新建工程"对话框继续创建新工程进程。

（2）如果选择了打开已有的工程，就可以从下面的功能选项中选择：显示最近使用过的工程或显示所有存在的工程，最近使用过的工程为系统缺省选择。

（3）如果选择了打开已有的工程，那么就可以在下部的列表框中选择想要打开的工程。已有的工程中还包括演示工程和教程，这样可以更快地帮助用户熟悉 PME。

（4）如果有必要，可以选择"启动时不出现此窗口"选项。

（5）点击"OK"，即可打开选择的工程。

选择"Empty project"，点击"OK"，就会弹出图 2-77 所示的"新建工程"对话框，在工程名处填写一个新名称，否则无法建立新工程，比如输入"机械手控制"，点击"OK"，即可成功进入 PME 的主界面，如图 2-78 所示。

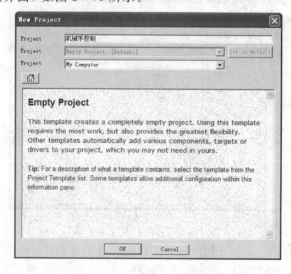

图 2-77　"新建工程"对话框

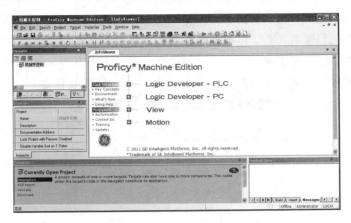

图 2-78　PME 主界面

下面简要介绍 PME 软件工作界面、常用工具等，如图 2-79 所示。

（1）工具窗口。工具窗口的部分组成如图 2-80 所示。

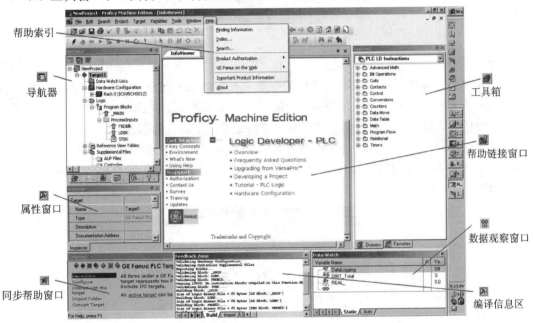

图 2-79　PME 软件工作界面

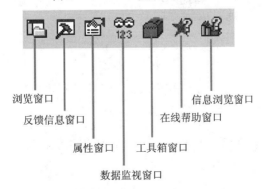

图 2-80　工具窗口

（2）浏览（Navigator）窗口。浏览窗口是一个含有一组标签窗口的停放工具视窗，它包含开发系统的信息和视图，主要包括系统设置、工程管理、实用工具、变量表四种子工具窗。可供使用的标签取决于安装哪一种 PME 产品以及需要开发和管理哪一种工作。每个标签按照树形结构分层次地显示信息，类似于 Windows 资源管理器，如图 2-81 所示。

图 2-81　浏览窗口

浏览窗口的顶部有 3 个按钮，利用它们可扩展属性栏，以便及时地查看和操作若干项属性。属性栏呈现在浏览窗口的变量表标签的展开图中。浏览窗口的属性栏可让用户及时查看和修改几个选项的属性，与电子表格非常相似。在浏览窗口，点击切换属性栏，属性栏为表格形式，每个单元格显示一个特定变量的属性当前值。

（3）属性（Inspector）窗口。属性窗口列出已经选择的对象或组件的属性和当前设置。用户可以直接在属性窗口中编辑这些属性。当选择了几个对象，属性窗口将列出公共属性，如图 2-82 所示。

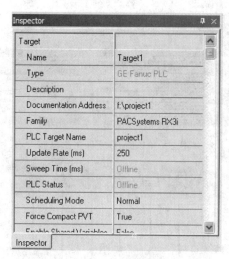

图 2-82　属性窗口

属性窗口提供了查看全部对象和设定属性的方便途径。执行以下各项中的一项操作可打开属性窗口：从工具菜单中选择 Inspector；点击工具栏的　；从对象的快捷菜单中选择 Properties。属性窗口的左边栏显示已选择对象的属性，可以在右边栏中进行编辑和查看设置。显示红色的属性值是有效的；显示黄色的属性值在技术上是有效的，但是可能产生问题。

（4）在线帮助（Companion）窗口。在线帮助窗口为工程设计提供有用的提示和信息。当在线帮助打开时，它对 PME 环境中当前选择的任何对象提供帮助。它们可能是浏览窗口中的一个对象或文件夹、某种编辑器（例如 Logic Developer–PC's 梯形图编辑器），或者是当前选择的属性窗口中的属性，如图 2–83 所示。

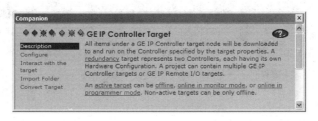

图 2–83　在线帮助窗口

在线帮助内容往往是简短和缩写的。如果需要更详细的信息，请点击在线帮助窗口右上角的 按钮，主要帮助系统的相关主题在信息浏览窗口中打开。

有些在线帮助在左边栏中包含主题或程序标题的列表，点击一个标题可以获得持续的简短描述。

（5）反馈信息（Feedback Zone）窗口。反馈信息窗口是一个用于显示由 PME 产品生成的几种类型输出信息的停放窗口。这种交互式的窗口使用类别标签去组织产生的输出信息。关于特定标签的更多信息，选中标签并按"F1"键。如果反馈信息窗口太小不能同时看到全部标签，可以使用工具窗口底部的按钮使它们卷动，如图 2–84 所示。

图 2–84　反馈信息窗口

反馈信息窗口标签中的输入支持一个或多个下列基本操作：

右键点击：当右键点击一个输入项，该项目就显示指令菜单。

双击：如果一个输入项支持双击操作，双击它将执行项目的默认操作。默认操作包括打开一个编辑器和显示输入项的属性。

F1：如果输入项支持上下文相关的帮助主题，按"F1"键，在信息浏览窗口中显示有关输入项的帮助。

F4：如果输入项支持双击操作，按"F4"键，输入项循环通过反馈信息窗口，好像双击了某一项。若要显示反馈信息窗口中以前的信息，按"Ctrl＋Shift＋F4"组合键。

选择：有些输入项被选中后可更新至其他工具窗口（属性窗口、在线帮助窗口或反馈信息窗口）。点击一个输入项，选中它，点击工具栏中的 ，将反馈信息窗口中显示的全部信息复制到 Windows 中。

（6）数据监视（Data Watch）窗口。数据监视窗口是一个调试工具，通过它可以监视变量的数值。当在线操作一个对象时，它是一个很有用的工具。

使用数据监视工具，可以监视单个变量或用户定义的变量表。监视列表可以被输入、输出或存储在一个项目中，如图 2-85 所示。

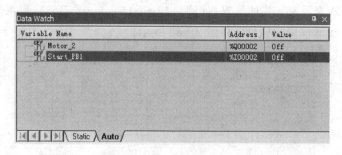

图 2-85　数据监视窗口

数据监视窗口的标签含义如下：

Static Tab(静态标签)：包含用户添加到数据监视工具中的全部变量。

Auto Tab(自动标签)：包含当前在变量表中选择的或与当前选择的梯形逻辑图中的指令相关变量，最多可以有 50 行。

Watch List Tab(监视表标签)：包含当前选择的监视表中的全部变量。监视表让用户创建和保存要监视的变量清单。用户可以定义一个或多个监视表，但是，数据监视工具在一个时刻只能监视一个监视表。

数据监视工具中变量的基准地址(也简称为地址)显示在 Address 栏中，一个地址最多具有 8 个字符(例如％AQ99999)。

数据监视工具中变量的数值显示在 Value 栏中。如果要在数据监视工具中添加变量之前改变数值的显示格式，可以使用数据监视属性对话框或右键点击变量更改。

数据监视属性对话框：若要配置数据监视工具的外部特性，右键点击它并选择 Data Watch Properties。

(7) 信息浏览(InfoViewer)窗口。信息浏览窗口是一个集成的显示引擎和 Web 网络浏览器。

信息浏览窗口有它自身的信息浏览工具栏，允许在帮助系统中移动查找。为了获得帮助系统更多的寻找信息，参见帮助中的寻找信息。信息浏览窗口如图 2-86 所示。

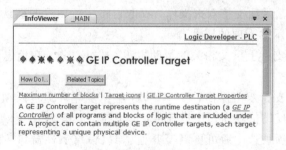

图 2-86　信息浏览窗口

(8) 工具箱(Toolchest)窗口。工具箱是功能强大的设计蓝图仓库，用户可以把大多数项目从工具箱直接拖动到 PME 编辑器中，如图 2-87 所示。

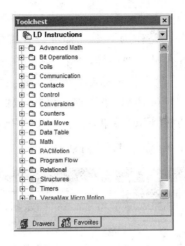

图 2-87　工具箱窗口

一般而言，工具箱中储存有三种蓝图：

① 简单的或"基本"设计图，例如梯形逻辑指令、用户功能块（CFBS）、程序功能图（SFC）指令和查看脚本关键字。例如，简单的蓝图位于 Ladder、View Scripting、和 Motion绘图抽屉中。

② 完整的图形查看画面，查看脚本、报警组、登录组和用户 Web 文件。用户可以把这一类蓝图拖动到浏览窗口的项目中去。

③ 项目使用的机器、设备和其他配件模型，包括梯形逻辑程序段和对象的图形表示，以及预先配置的动画。

存储在工具箱内的机器和设备模型称为 fxClasses，它可以用模块化方式来模拟过程，其中较小型的机器和设备能够组合成大型设备系统。

（9）编辑（Machine Edition）窗口。双击浏览窗口中的项目，即可开始操作编辑窗口。编辑窗口实际上是建立应用程序的工具窗口。编辑窗口的运行和外部特征取决于要执行的编辑的特点。例如，当编辑 HMI 脚本时，编辑窗口的格式就是一个完全的文本编辑器。当编辑梯形图逻辑时，编辑窗口就是显示梯形逻辑程序的梯级，如图 2-88 所示。

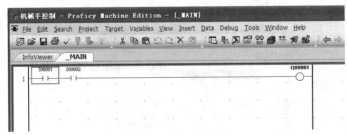

图 2-88　梯形图编辑窗口

用户可以像操作其他工具一样移动、停放、最小化和调整编辑窗口的大小，但是，某些编辑窗口不能够直接关闭，这些编辑窗口只有当关闭项目时才消失；可以将对象从编辑窗口拖入或拖出。允许的拖放操作取决于确切的编辑器，例如，将一个变量拖动到梯形图逻辑编辑窗口中的一个输出线圈，就是把该变量分配给这个线圈；可以同时打开多个编辑窗口，可以用窗口菜单在窗口之间相互切换。

#### 4. PME 工程的建立

PME 对于每一个控制任务都是作为一个工程进行管理的。控制任务中如果含有多个控制对象，比如既有 PLC 又有人机界面（HMI）等，它们在一个工程中是作为多个控制对象进行分别管理的。因此创建一个工程，需要知道该工程主要包含哪些类型的控制对象以及工程中将要使用的 PLC 类型。在 PME 中建立工程的步骤如下。

（1）启动 PME 软件后，通过"File"菜单，选择"New Project"，或点击"File"工具栏中按钮，弹出如图 2-89 所示的"新建工程"对话框。

图 2-89　"新建工程"对话框

在图 2-89 第一行中输入工程名，比如电机起保停控制；在第二行中选择所使用的工程模板，这里选择控制器为 PACSystems RX3i；下面给出了所设置的工程的基本信息以及基本结构，最后点击"OK"，即可打开设置的工程。

（2）给工程添加对象，比如 PACSystems RX3i。右键单击工程名"电机起保停控制"，选择"Add Target"→"GE Intelligent Platforms Controller"→"PACSystems RX3i"，添加控制对象，如图 2-90 所示。从图 2-90 可见，通过这种方法可以添加工程中不同的对象。

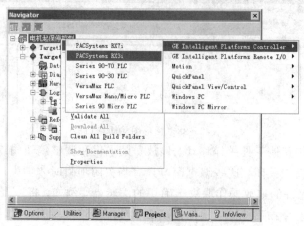

图 2-90　添加对象菜单

　　编辑一个已有的工程的步骤为：打开工程浏览窗口，然后选择最下面的 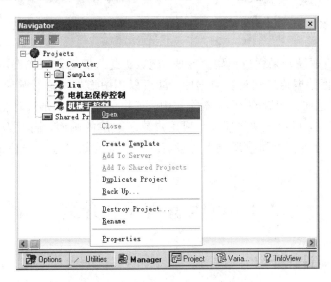 Manager 标签。窗口中将显示工程列表，选择要打开的工程，单击右键选择"Open"，即可打开工程并可以随时进行编辑，如图 2 - 91 所示。

图 2 - 91　工程管理编辑窗口

用户还可以将其他程序文件转换到 PME 中，步骤如下：

（1）打开工程浏览窗口，选择"Project"标签栏。

（2）选择想使用的目标。

（3）右键单击这个目标，选择"Import"，然后选择被转换工程的类型。

（4）在选择文件对话框中双击需要转换的文件即可。

# 第3章　iFIX 画面设计

iFIX 通过 I/O 驱动器采样过程硬件数据，把数据送入驱动器映像表，再由 SAC(扫描、报警和控制程序)把数据传递到过程数据库，就可以用图形方式进行显示。iFIX 图形功能有很多内容，所有这些都包含在 iFIX 工作台中。工作台提供了图形设计工具，包括图形文字、动画和图表工具，可以非常方便地生成用户易于理解的画面；同时为用户提供了命令或用图形交互方式进行报警和改变过程的设置点。本章就如何进行 iFIX 画面和图形的编辑进行阐述。

## 3.1　iFIX 画面设计介绍

### 3.1.1　iFIX 画面设计介绍

无论是新手还是专家级用户，iFIX 提供了强大、灵活的创建画面功能，满足过程控制的需要。一旦打开了 Proficy iFIX 工作台，就可以准备开发画面了。如图 3-1 所示为画面编辑区。画面编辑区是用户创建监控画面的编辑窗口，用户可以通过画面工具箱提供的各种工具进行画面编辑。

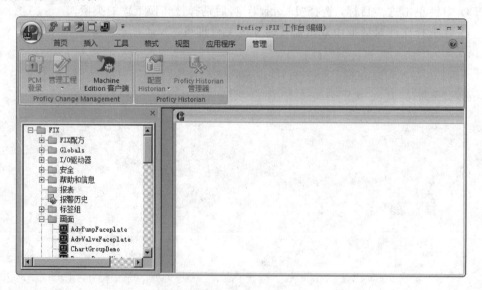

图 3-1　画面编辑区

在图 3-1 中，有时画面工具栏没有显示出来，用户可以通过单击"首页"→"设置"→"工具栏"菜单，如图 3-2 所示。之后弹出工具栏选择对话框，在该对话框中选择"画面"，选中其下面"工具栏"列表框中的"工具箱"，即可弹出画面编辑工具箱，如图 3-3 所示。

图 3-2 工具栏选择菜单

图 3-3 画面编辑工具箱

画面是由对象组成的,其扩展名为 *.grf(图形资源文件),如图 3-4 所示,用户可以查看 iFIX 软件安装时自带的画面属性,可以看到其后缀名称为.grf。默认情况下,所有画面文件类型都保存在 iFIX 安装路径下 PIC 路径里。

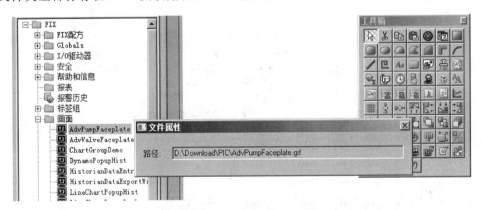

图 3-4 画面文件属性

画面中的元素称为对象,对象的名称必须是唯一的,其名称必须以字母开头,最多可达 40 个字符,可以包括字母、数字和下划线"_",还可为其指定 VB 脚本,并且对象还具有动画功能。

在画面中插入一个对象主要通过以下途径来实现:可以在"插入"菜单中选择对象或点

击画面编辑工具箱图标实现；也可以通过 iFIX 工作台左边的系统树下的图符集文件夹来实现，图符集文件夹中包含了大量的图符，可供用户在编辑画面时使用，用户也可以添加自己创建的图符到图符集文件夹中。

### 3.1.2 iFIX 对象的添加

iFIX 对象的添加主要通过以下三种方法来实现：

**方法一**：在"插入"菜单中选择相应的元素单击，即可在画面编辑区通过鼠标拖放出一个相应的对象，如图 3-5 所示。

图 3-5 利用"插入"菜单添加对象

**方法二**：通过系统树中的图符集创建。在系统树中选择合适的图符，单击所选图符，将选中的图符拖到画面中，在画面中可以对所选图形的位置、尺寸进行设置，如图 3-6 所示。

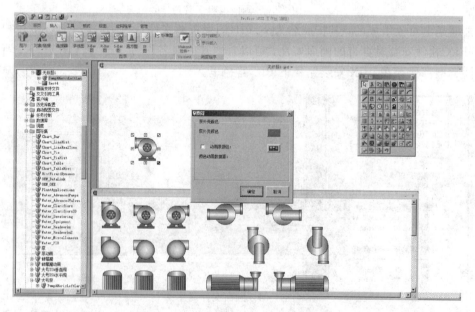

图 3-6 利用 iFIX 图符集添加对象

**方法三**：通过工具箱中的图标进行对象创建。在工具箱中选择合适的图符，单击所选图符，将选中的图符拖到画面中，在画面中可以对所选图形的位置、尺寸进行设置，如图 3-7 所示。

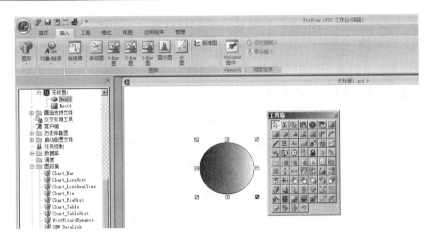

图 3-7 利用画面工具箱集添加对象

对画面工具箱常用图标的功能介绍如下：

🕐：时间图标，单击此图标，画面中会出现当前时间数据，格式为 hh：mm：ss，画面运行时显示当前时间。

📅：日期图标，单击此图标，画面中会出现当前日期数据，格式为 yyyy：MM：dd，画面运行时显示当前日期。

▬：矩形图标，单击此图标，可以在画面中画出一个矩形，长、宽可以随意改变。当按下"Ctrl"键之时所画出的矩形为正方形。

●：椭圆图标，单击此图标，可以在画面中画出一个椭圆，形状可以随意改变，当按下"Ctrl"键之时所画出的椭圆为圆形（即在画圆和正方形时，按下"Ctrl"键并拖动鼠标可以实现图形对象的高、宽一致）。

◗◣◢：分别是拱形、多边形、饼形图标，图标用法与矩形类似。

▛：管道图标，单击此图标，可以在画面中画出所需要的管道形状，画完之后右击所画管道，单击"修改管道特性"选项可以修改管道的粗细型号（10～300）和管口形状（方形/圆形）等。

◠／🖳：分别是弧线、直线、折线图标，单击此图标，可以在画面中画出不同形式的线条。

Aa：文本图标，单击此图标，可以在画面中输入数字、字母、文字、符号等。

▭：在画面中添加图标，双击所添加的图标，即可以在图标上面输入文字。

⬆：上对齐图标，将选中的多个图形上端对齐在统一水平线上。其用法是：先选中所要操作的图形，再单击此图标。

◧◩◨：分别是左对齐、下对齐、右对齐图标，用法与上对齐图标一致。

⬒�⬌：垂直均匀分布图标、水平均匀分布图标，使选中的多个图形之间垂直、水平间距相同，常常与对齐图标联合使用。

⬓：送至前端图标，将所选中的图形送至所有图形前端。其用法是：先选中所要操作的图形，再单击此图标，如图 3-8 所示。

　　：送至后端图标，将所选中的图形送至所有图形后面。用法与送至前端图标相同，功能相反。

　　：成组图标，将多个图形组合到一起，构成一个新的图形。首先将需要成组的图形全部选中，然后单击该图标即可实现。

　　：解组图标，用法与成组图标相同，功能相反。解组的对象必须是已成组的图形对象。

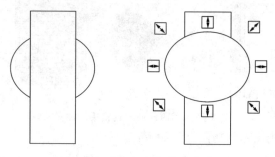

图 3-8　"送至前端"操作对比

# 3.2　静态画面设计

## 3.2.1　iFIX 画面

　　新建画面主要有以下三种方法：

　　**方法一**：要创建新画面，单击标准工具栏上的"画面"按钮，即可弹出"创建画面向导"对话框，如图 3-9 所示。

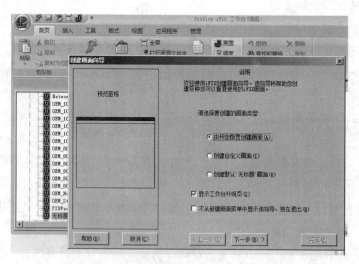

图 3-9　"创建画面向导"对话框

　　**方法二**：在 iFIX 左侧的系统树中，右键单击"画面"文件夹，在弹出的菜单中选择"新建画面"，如图 3-10 所示，也能弹出"创建画面向导"对话框。

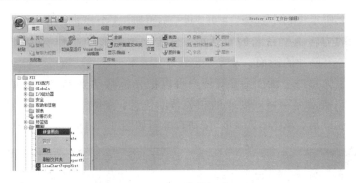

图 3-10　利用菜单新建画面

**方法三：**单击工具箱中的 按钮，会弹出"创建画面向导"对话框，如图 3-11 所示。

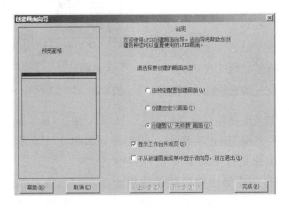

图 3-11　"创建画面向导"对话框

在如图 3-11 所示的"创建画面向导"对话框中提供了三种创建画面的方法：由预定配置创建画面、创建自定义画面和创建默认"无标题"画面，下面逐一介绍。

**1．由预定配置创建画面（创建整体画面布局时使用此对话框）**

在图 3-11 中选择"由预定配置创建画面"选项，单击"下一步"按钮，弹出如图 3-12 所示的画面布局配置的对话框，画面格式布局有多种模板，用户可以根据需要选中所需选项，单击"下一步"按钮，也可以单击"修改配置"按钮，修改选中的画面的格式、布局模板、尺寸。

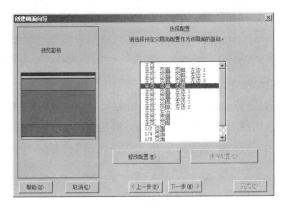

图 3-12　选择画面布局模板

在如图 3-12 所示窗口中选择"主页，页眉，页脚"这个模板，单击"下一步"按钮，弹出如图 3-13 所示的为新画面命名的对话框。这步操作把整个工作台编辑区分成了三个部分，每一部分为一个单独的画面。

在图 3-13 中为每一个画面命名，用户可以把光标移动到名字输入框中，然后按键盘上的"F1"键就可以查看名字格式要求的相关帮助信息。

名字输入完成以后，单击"下一步"按钮，得到如图 3-14 所示的结果。

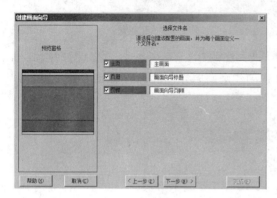 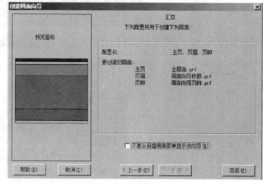

图 3-13　为新画面命名　　　　　　　　　图 3-14　创建的新画面信息

单击图 3-14 中的"完成"按钮实现画面的创建，如图 3-15 所示。所创建的画面格式都是.grf。默认存储在工程文件夹的 PIC 文件夹中。

**2. 创建自定义画面(创建弹出窗口时多选用此项)**

在"创建画面向导"对话框中选择该项，单击"下一步"按钮，打开如图 3-16 所示的对话框。

 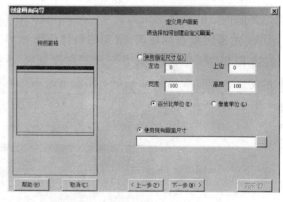

图 3-15　新建画面　　　　　　　　　图 3-16　自定义画面尺寸

在该对话框中可以对新画面的长、宽、高相关尺寸进行修改，修改范围为 0~100，用户也可以选中下面的"使用现有画面尺寸"选项，单击其后面的按钮，选择已经创建过的画面模板。当所有尺寸大小都修改合适后，单击"下一步"按钮，打开如图 3-17 所示的对话框。

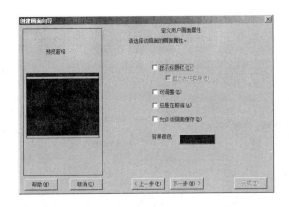

图 3-17　自定义画面设置

在如图 3-17 所示的对话框中可以对画面的显示进行设置，如需设置画面颜色，首先单击"背景颜色"按钮，会出现选择颜色对话框，选择所需颜色，设置完成以后单击"下一步"按钮，进入如图 3-18 所示的画面命名窗口。命名完成后单击"下一步"按钮，进入如图 3-19 所示的画面信息汇总窗口。单击"完成"按钮，自定义的画面就创建好了。

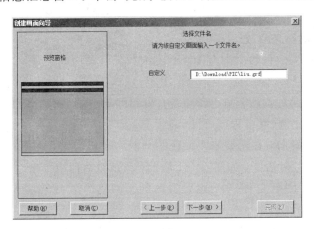

图 3-18　自定义画面的命名

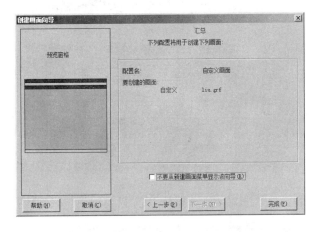

图 3-19　自定义画面信息汇总

### 3. 创建默认"无标题"画面

在"创建画面向导"对话框中选择该项，单击"完成"按钮，如图 3-20 所示。

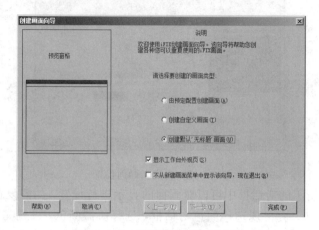

图 3-20　创建默认无标题画面

## 3.2.2　画面处理

### 1. 新创建画面的颜色修改

所设计的监控画面颜色的搭配直接影响到人机交互画面的美观，这里主要介绍画面背景颜色的设置。

画面颜色主要有两种类型：实心和渐变。实心即单一的颜色。渐变可以将两种颜色混合，每一种颜色所占比例（混合程度）可以调节。

当需进行颜色设置时，在所要修改颜色的画面中单击右键，在下拉菜单中单击"画面"选项，弹出"编辑画面"对话框，如图 3-21 所示，在该对话框中单击"背景颜色"按钮，设置背景颜色。若选中"启用渐变"选项，则设置的画面颜色为渐变色，否则颜色为实心形式，如图 3-22 所示为选择"启用渐变"后的效果。

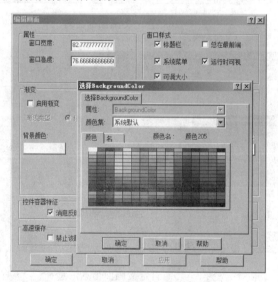

图 3-21　画面背景颜色设置

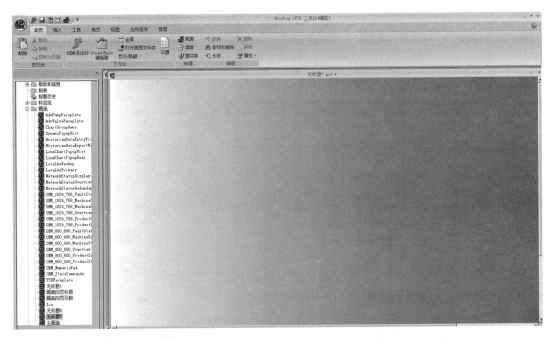

图 3-22　"启用渐变"后的画面背景颜色

在图 3-21 中，还可以对窗口的样式进行相应的设置，以达到特殊的效果。

**2. 画面动画设置**

在所设计的画面中单击右键，在下拉菜单中单击"动画"选项，弹出"基本动画"对话框，在该对话框中进行相应设置，如图 3-23 所示。

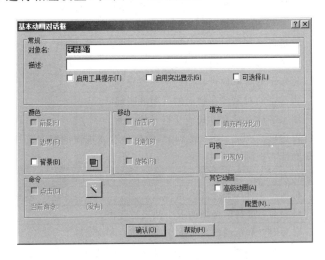

图 3-23　"基本动画"对话框

**3. 显示画面**

在工作台中，如果打开了多幅画面，通过下列任一步骤，可以很容易地显示后面的画面：双击系统树中此画面名称；或者右击系统树中此画面名称，并从弹出菜单中选择"显示"，如图 3-24 所示。

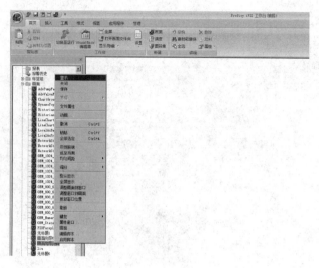

图 3 - 24　画面显示

### 4. 使用画面的弹出式菜单

当创建画面时，通过右击系统树中的画面名称，或右击画面中任意空白区域，显示此画面的弹出式菜单。用户利用此菜单可以快速访问画面的属性和动画，并执行一些公共的操作，如选择所有对象等操作。表 3 - 1 介绍了画面的弹出式菜单中的功能。

### 表 3 - 1　画面的弹出式菜单功能

| 菜　单 | 画面弹出式菜单功能 |
| --- | --- |
| 动画 | 显示动画对话框，以便设置动画画面属性 |
| 取消 | 取消上一步操作。如果某些特定任务无"取消"操作，则在完成该任务后"取消"命令不可用 |
| 粘贴 | 将最近复制的对象粘贴到画面中 |
| 选择全部 | 选定画面窗口中所有的对象 |
| 带到前端 | 将选定的对象放在画面的前面或顶端 |
| 送至后面 | 将选定的对象放在画面的后面或底部 |
| 均匀间距 | 用水平或者垂直方式铺开打开的画面 |
| 缩放 | 以窗口 50%、150% 或 200% 的比例改变视窗的宽度及长度。有关视窗的介绍请参阅实现画面 |
| 默认显示 | 在窗口大小发生变化之前，恢复画面的原始显示 |
| 全屏显示 | 将窗口延伸至整个用户区域 |
| 调整画面到窗口 | 必要时，重新调整画面大小使之适合窗口 |
| 调整窗口到画面 | 必要时，重新调整窗口大小使之适合画面 |
| 更新窗口位置 | 保持画面的当前显示，将其存盘后，它将与关闭时完全一样 |
| 刷新 | 在画面窗口中重新更新当前画面 |
| KeyMacros | 打开键宏编辑器，查看或者编辑键宏 |
| 属性窗口 | 显示当前画面的属性窗口 |
| 画面 | 显示编辑画面对话框，修改窗口属性 |
| 编辑脚本 | 打开 VB 编辑器，编辑 VB 脚本 |
| 启用脚本 | 在 VB 脚本中引用所有选定的对象 |

### 5. 运行显示画面

要运行显示画面,无须离开正运行的应用程序或关闭任何程序,可以直接在工作台里单击鼠标切换环境。要查看画面,请使用以下方法之一:按键盘上的"Ctrl+W"组合键或者单击标准工具栏中的"切换至运行"按钮,如图 3-25 所示。单击"首页"选项卡上"切换至运行"图标也可以。

图 3-25　切换画面运行状态

## 3.2.3　画面对象

前面介绍了在工作台中可以创建画面,在 iFIX 中有许多可用的画面对象工具,iFIX 画面可以包含不同类型的对象。

图形:图形是可以添加到画面的基本图形元素。它包括矩形、圆角矩形、椭圆形、直线、折线、多边形、弧形、拱形、管道以及饼图。

文本:文本作为对象添加到画面中,它包括可以格式化或控制该文本的属性。

位图:位图是由点阵构成的视图。它可以被导入到 iFIX 画面中,并像其他对象一样被控制。

图表:图表是直线、文本及矩形的混合对象,用来显示实时及历史趋势数据。

数据连接:数据连接是用来显示过程数据库中的文本和数值。

报警一览:报警一览对象根据系统的报警和 SCADA 配置,显示实时报警状况信息。报警一览对象是 Proficy iFIX OCX。

按钮:按钮是鼠标单击时能执行命令的工具。按钮是 OCX 提供的 Microsoft 控件。

计时器:计时器是指在指定的时间期限内执行命令。

事件:事件是指允许在指定命令中实现操作。

变量:变量是以不同的方式定义不同的数值,保存或显示程序数据。

Active X 控件:该控件是基于组件对象模型(COM)的已编译的软件组件。在工作台中任何 Active X 控件(OCX)都可作为 iFIX 对象。

应用:与 OLE 兼容的应用软件,比如微软电子表格,在 Proficy iFIX 工作台中可以作为文档对象。

动画:当动画对象属性时,iFIX 将动画对象添加到包含这些属性的对象中。

每个对象都包括属性、方法和事件。

(1)属性:所有对象都有属性。属性是可以控制的对象属性(例如前景填充颜色或者对象的大小或位置)。属性是可以通过动画对象或编辑脚本来修改。

(2)方法:方法是影响一个或多个对象的任务。例如:矩形的方法包括矩形的移动、旋转及缩放。

(3)事件:事件是对象响应动作的信号。例如:单击鼠标左键或按住键盘上的某一按键,对象将产生一个事件,如执行脚本程序,以响应这些动作。事件触发的操作不一定是用户的操作，它可以由脚本代码、应用软件或操作系统来执行。

　　一般情况下，创建画面时属性的应用要远远多于方法和事件的应用，但也可以通过编写脚本来访问对象的方法和事件。

　　当设计画面布局时，需要对对象进行相应的设置。如图 3-26 所示是一个设计好的图形画面，经过相应的属性设置才能达到需要的画面效果。

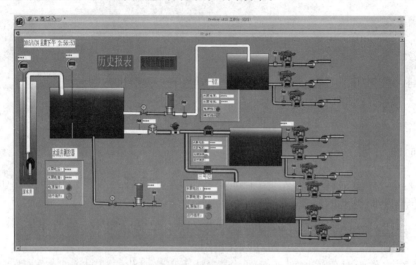

图 3-26　设计的画面

### 1. 图形对象右键快捷菜单

　　用户可以通过右键单击图形对象，显示对象的弹出式菜单。此菜单提供了快速访问对象属性及动画，就像使用对象进行普通操作，如对象的拷贝和粘贴，如图 3-27 所示。注意：对象的弹出式菜单与画面的弹出式菜单有所不同，根据所选对象的不同，可用的操作也不同。表 3-2 介绍了对象的弹出式菜单中的功能。

图 3-27　图形对象右键快捷菜单

**表 3 - 2　对象的弹出式菜单中的功能**

| 菜　单 | 实　现　功　能 |
|---|---|
| 动画 | 显示动画对话框,允许动画具有一个或多个对象属性 |
| 调整大小 | 显示对象周围的句柄,以调整其大小 |
| 重造型 | 在对象周围显示句柄来重造型 |
| 旋转 | 显示对象周围的句柄,将此对象围绕其旋转中心点进行旋转 |
| 添加连接点 | 当光标在对象附近或之上移动时,显示一个方形的绿色光标,方形里面有一个小方形和十字。当右键单击折线对象或者管道对象时,此菜单对象显示为"添加点" |
| 删除连接点 | 当在可删除的连接点附近时,光标显示为一个方形的、具有交叉线的实心红色图标;当不在附近时,光标显示为一个红色方形,内置一个减号,外面具有交叉线。当右键单击折线或者管道对象时,此菜单项目显示为"删除点" |
| 分离折线 | 显示一个拆分图标,当此图标在折线附近时,此图标变为黑色。黑色图标表明可以在此点拆分折线 |
| 转换为管道 | 将直线或折线转换为管道对象 |
| 分离管道 | 显示一个拆分图标,当此图标在管道内时,此图标变为反色。彩色的图表表明可以在此点拆分管道 |
| 构造水平 | 使直线水平 |
| 构造垂直 | 使直线垂直 |
| 取消 | 取消上一步操作。如果某些特定任务无"取消"操作,则在完成该任务后"取消"命令不可用 |
| 剪切 | 将对象从画面中移至剪贴板 |
| 拷贝 | 创建对象副本并将其放至剪贴板 |
| 删除 | 从画面中删除对象 |
| 复制 | 创建对象副本将其放在原本附近 |
| 成组 | 将一个或多个对象连成一组 |
| 带到前端 | 将选定的对象放在画面的前面或顶端<br>注意:此功能与增强型图标一起使用时可能无法按预期工作 |
| 送至后面 | 将选定的对象放在画面的后面或底部<br>注意:此功能与增强型图标一起使用时可能无法按预期工作 |
| 彩色 | 使用调色板定义对象的前景、背景及边缘颜色 |
| 填充式样 | 定义下列填充式样:实心、空心、水平、垂直、向下斜、向上斜、交叉线、对角交叉线、斜线 |
| 边缘式样 | 定义下列边框式样:<br>实心:使用实线式样<br>虚线:使用虚线式样<br>点:使用点笔线式样 |

| 菜　单 | 实　现　功　能 |
|---|---|
| 边缘式样 | 点画线：使用虚线与点的式样<br>点点画线：使用虚线与双点的式样<br>无边缘：定义没有边缘的对象<br>框内：在对象框架内使用实线式样<br>注意：如果将边缘宽度设置为大于 1，则不管在弹出菜单中（或者在"用户首选项"对话框的"图形首选项"选项卡中）选择了什么样的边缘式样，总是显示为实心 |
| 背景式样 | 定义透明或不透明的背景式样 |
| 渐淡类型 | 指定下列渐淡类型之一：<br>线性：在对象内应用垂直线性的渐淡类型<br>反射：在对象内应用水平反射的渐淡类型<br>射线：在对象内应用射线式的渐淡类型<br>同心：在对象内应用同心的渐淡类型 |
| 编辑脚本 | 打开 VB 编辑器，编辑 VB 脚本 |
| KeyMacros | 打开键宏编辑器，增加或者编辑键宏 |
| 属性窗口 | 显示属性窗口，显示并修改属性值 |
| 拐弯类型 | 指定管道对象的拐弯类型。这些类型包括：<br>圆形：在管道对象的拐弯处应用圆形边缘<br>方形：在管道对象的拐弯处应用方形边缘 |
| 管头类型 | 指定管道对象的管头类型。这些类型包括：<br>圆形：在管道对象的起始点应用圆形管帽<br>方形：在管道对象的起始点应用方形管帽<br>水平对角线：在管道对象的起始点应用水平对角线管帽<br>垂直对角线：在管道对象的起始点应用垂直对角线管帽 |
| 管尾类型 | 指定管道对象的管尾类型。这些类型包括：<br>圆形：在管道对象的结束点应用圆形管帽<br>方形：在管道对象的结束点应用方形管帽<br>水平对角线：在管道对象的结束点应用水平对角线管帽<br>垂直对角线：在管道对象的结束点应用垂直对角线管帽 |
| 修改管道特征 | 打开修改管道特征对话框，允许编辑管道对象式样 |
| 编辑命令按钮对象 | 在按钮对象上出现一个文本光标，允许输入文本 |

　　根据添加的对象，弹出式菜单可能会针对每个对象包含不同的操作。例如：如果添加一个图表，可以从对象弹出式菜单中访问图表配置对话框。

　　**2. 属性窗口**

　　属性窗口可显示对象的属性，此窗口显示了两列所选对象的可修改的属性。属性窗口用来修改对象的静态属性，比如对象高度、前景颜色、填充色等，其显示可以修改的对象的属性，其对应的属性值在窗口右边一列。有的属性还有下拉菜单，用户可从中选择，比如背景样式、可视性，只读属性不出现在该窗口中。

　　属性窗口是无模式的,表示可以在画面的任何位置显示,而且一直在屏幕上显示。它是快速读取画面中对象或画面本身属性的一种有效方法。

　　在系统树中选择要修改的对象,单击鼠标右键,并在弹出的菜单中选择"属性窗口",如图 3 - 28 所示。属性值用来更准确地控制对象属性,在窗口左边选定要改变的属性,在右边点击其值并输入新的属性值。一旦输入新值,对象将变化,以反映新的输入量。用户可以按如下方法修改属性:手动输入属性值、动画对象、编写脚本修改属性值。

图 3 - 28　属性窗口

### 3.2.4　画面对象功能的实现

#### 1. 使用快捷键

　　通过按下一系列的按键(也称快捷键),可以实现具体的画图操作,更快速地实现任务。表 3 - 3 介绍了一些可用的快捷键及其功能。

表 3 - 3　画面中的快捷键

| 快捷键组合 | 功　　能 |
| :---: | :--- |
| Alt ＋ 箭头按键 | 从一个对象手柄移至另一对象周围 |
| Ctrl ＋ 箭头按键 | 移动对象手柄的点,对对象再定型 |
| 数字键盘区的"＋"或"－" | 旋转对象 |
| Ctrl ＋ 单击鼠标 | 拷贝对象 |
| Shift ＋ 以上任意键 | 例如:使用 Shift＋Ctrl 和箭头键可快速对对象进行重造型 |

**2. 选择对象**

用户可通过单击鼠标选择对象，也可以在画面或系统树中选择对象。选择的对象将保持被选状态直至选择其他对象。当选中对象时，将显示对象的手柄，允许改变对象的大小。要选择多个对象，可以用矩形选择器选择两个或多个对象，或者在选择第一个对象后，按住"Ctrl"并单击另一对象，如图 3 - 29 所示。

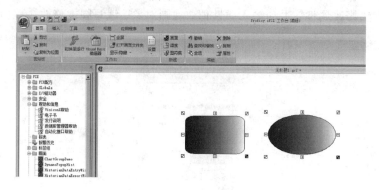

图 3 - 29　多个对象的选择

**3. 移动对象**

通过单击并拖动对象，可将其移动到新的位置。要迅速移动对象，可以按住"Shift"键，单击并拖动要移动的对象。有时，为了更好地控制对象在画面上的位置，用户需要更精确地移动对象。iFIX 可使用箭头键以较小的增量移动对象。这个概念叫做推移。

要推移一个对象，选择对象并按住箭头键，对象在此方向上移动一个像素。反复按住箭头键，可以将对象缓慢地移至想要的位置。要加速移动，可同时按住"Shift"及箭头键。

**4. 编辑对象**

当创建画面时，可能经常会出现一些错误；或者可能需要创建一些东西，其能够应用于任何地方。在这两种情况下，iFIX 的编辑功能可以尽快更新画面中对象的表现形式。编辑对象的简单方法是使用编辑工具栏，其在工具箱中或者"首页"菜单下都有，如图 3 - 30 所示。这些工具栏按钮还会显示在工具箱中。如果启用了"工具箱"，只需单击"工具箱"中对应的编辑功能的按钮。

图 3 - 30　编辑工具栏

**5. 重命名对象**

在画面中添加对象时，iFIX 会自动在系统树中为其命名并按创建的顺序指定其序号。例如：第二个加入画面的矩形在画面目录中名为 Oval2，如图 3 - 31 所示。为了更容易地识别对象，或定义具体的对象名称，以表示在过程控制中的属性，可以给对象定义相应的名称。

要重命名对象，可以在系统树中右击对象名并在弹出菜单中选择"属性窗口"，将光标放置到名称行中的第二列，输入对象名；也可以在弹出菜单中选择"动画属性"，从动画属性对话框中进行重命名。

当重命名对象时，应避免使用下画线。下画线有可能会导致对象中脚本执行的错误。重命名对象要遵循 VBA(Visual Basic for Applications)命名规则。

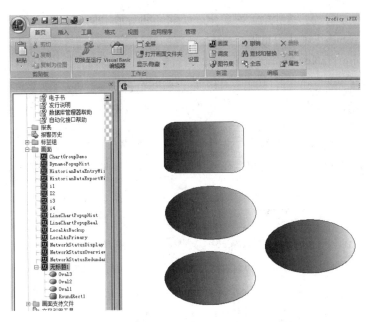

图 3-31　重命名对象

**6. VBA 命名规则**

在命名 iFIX 画面、调度程序、对象、变量、模块和程序时必须符合 VBA 标准的命名规则。

① 必须使用字母作为第一个字符。

② 不能超过 255 个字符。

**注意**：Visual Basic for Applications 不区分大小写，但在说明名称的语句中保留大写。

③ 不该使用任何与 Visual Basic 中函数、语句和方法相同的名称，因为可能会屏蔽语言中相同的关键字。

④ 使用与定义的名称有冲突的内部语言函数、语句或方法时，必须显式说明。

⑤ 内部函数、语句和方法放在其相关类型库名之前，例如，如果有一个变量叫 Right，那么只能使用 VBA. Right 来调用 Right 函数。

⑥ 不能在同一层范围内重复同一个名字。例如，不能在同一程序内声明两个名为level的变量。但是可以在同一模块中声明一个局部变量 level 和一个程序级变量 level。

⑦ 不能在名称中使用空格、(-)、(.)、(!)或字符@、&、$、♯。

⑧ 在名称中不能使用下画线(_)，脚本会因此产生一些问题，因为 VBA 使用下画线来命名相关对象的脚本。

⑨ 画面、调度程序、图符、工具栏和工具栏类别都需要唯一的名称以便 Proficy iFIX 工作台能同时装载它们。即使不同的文本类型文件扩展名不同也是正确的。

⑩ 避免在 VBA 脚本中重命名 VBA 对象，这么做可能会导致与那些对象相关的代码无法执行。例如，如果某个名叫 Rect1 的矩形有一段调用名为 Sub Rect1_Click( )的相关事件，那么将矩形名改为 Rect2 将会导致 Sub Rect1_Click( )无法执行，因为已经不存在名为 Rect1 的对象。

下面这段脚本在单击(Rect1)对象时会提示用户输入一个新的名称给矩形。当输入一个新的名称并单击"确定"按钮时，对象 Rect1 将不再存在，同时代码变得孤立且无用。

```
Private Sub Rect1_Click()
    Dim strNewName as String
    strNewName = InputBox("Enter new name")
    Rect1. Name = strNewName
End Sub
```

其操作过程如图 3-32 所示，右击对象 Rect1，在弹出的快捷菜单中选择编辑脚本，出现如图 3-33 所示的脚本编写窗口。在其中输入上面书写的脚本，即可回到画面编辑窗口运行并查看效果。

图 3-32　对象编辑脚本选择菜单

图 3-33　脚本编写窗口

# 3.3　动态画面设计

## 3.3.1　动态画面命令设计

无论用 iFIX 开发多少画面，都会发现创建画面其实就是分为绘制静态图形和将其连接到过程数据库两大部分。iFIX 可以使画面以前所未有的方式运行，这在很大程度上要归功于其强大的动画功能。一般为了使图形对象能够更清晰表达，往往加入动画。iFIX 提供获得并解析数据的能力，以便用户在导出时能够随心所欲地操作画面。

（1）理解数据源。当动画对象时，只是改变了一个或多个对象的属性值。每个属性接受一个数据。此位置称为数据源。通常，数据源可识别过程值或其他对象的属性。数据源可以是以下任意一种：来自 I/O 地址中的实时数据、iFIX 标签、画面或对象的属性值、全局变量、预定义的表达式、VBA 事件、OPC 服务器、Proficy Historian。为了动画对象，必须连接数据源。在大多数情况下，可以直接连接数据源。其他时候，比如使用"动画专家"，可以把一对象连接到一个动画对象中，然后连接此动画对象到数据源。

（2）打开画面专家。首先在画面中放置一按钮图标并选中，然后在 iFIX 工作台界面中单击"打开画面专家"按钮 即会出现如图 3-34 所示的窗口。选中将要打开的画面，单击"打开"→"确定"按钮，即完成了打开画面设置。同时单击按钮修改其显示名字为"打开"，运行时单击按钮就可以打开所设置的画面，如图 3-35 所示。单击 按钮可关闭画面专家，设置方法与打开画面专家相同。

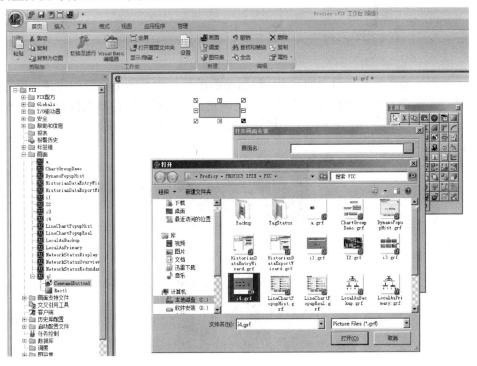

图 3-34　打开画面专家设置

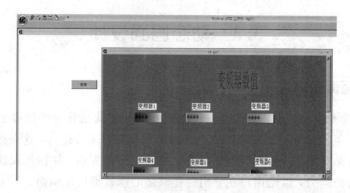

图 3-35　运行打开画面专家

（3）位图专家设置。单击工具箱中"位图专家"按钮 ，可以把外界的图片直接贴到画面上作为背景。如图 3-36 所示。

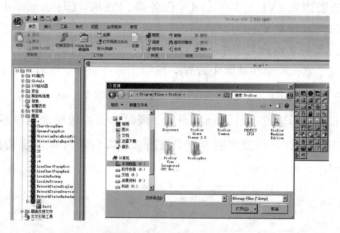

图 3-36　位图专家设置

（4）动画连接图形是画面中的元素，将创建的图形与数据库中数据相连接，称为动画连接。通过图形的一些属性的变化可以直观地体现出与之相关联的数据的变化。其操作如下：右键单击选择对象，在弹出的菜单中选择"动画"，如图 3-37 所示。

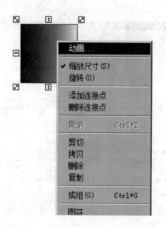

图 3-37　对象动画选择菜单

　　之后弹出如图 3-38 所示的对话框。然后选择相应的专家，比如"填充百分比"，即将一个矩形或其他规则的图形与一个模拟量数据相连接，图形所连接的数据增加或减少时，自身的颜色亮度也会随着上升或下降，如图 3-39 所示。

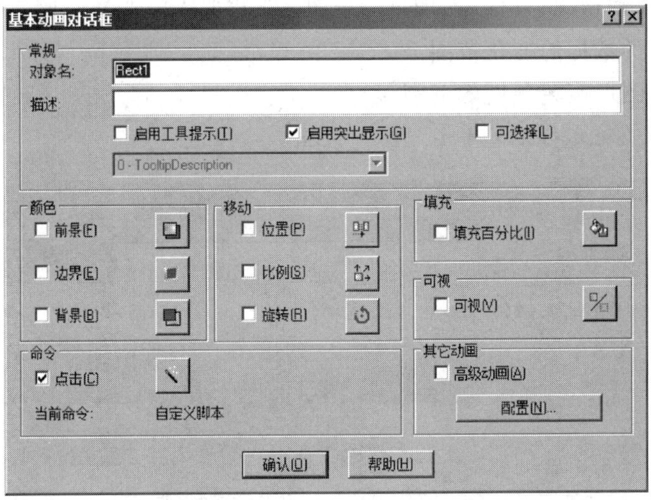

图 3-38　"基本动画"对话框

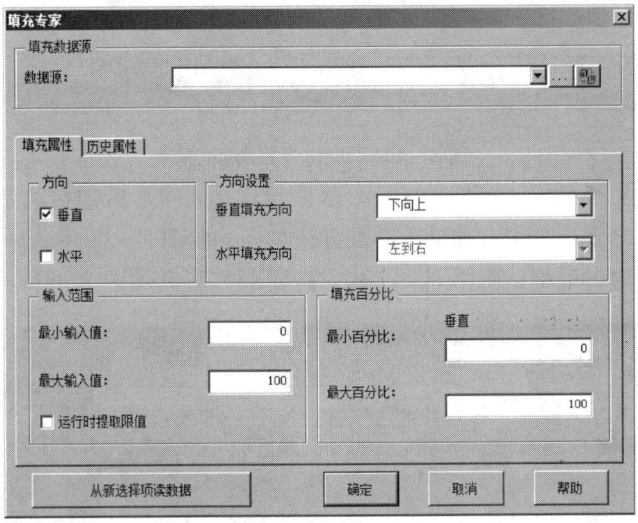

图 3-39　"填充专家"对话框

　　图 3-39 中需要设置的内容包括以下几项：

　　数据源：单击"数据源"方框后面的 [...] 按钮，在数据库中选择所要连接的数据。

　　方向：方向分为垂直填充、水平填充两个方向。二者可选其一，也可同时选中。

　　方向设置：垂直分为下向上、上向下、由中心向顶底三种填充方式。水平分为左向右、右向左、由中心向左右三种填充方式。

　　输入范围：所关联的数据变化范围。

　　填充百分比：设置所要填充图形的范围。参数都设置完成以后，单击"确定"按钮。

　　**注意：**数据输入范围与图形填充范围呈线性关系。

（5）图形旋转。将一个图形与一个数据相连接，图形所连接的数据增加或减少时，自身的位置也会随之绕图形的中心旋转。设置方法如下：在图 3-38 中选中"移动"→"旋转"选项，会出现如图 3-40 所示的对话框。在图 3-40 中，需设置的内容包括以下几项：

数据源：单击"数据源"方框后面的 ⋯ 按钮，在数据库中选择所要连接的数据。

输入：所关联的数据的变化范围。

输出：所设置图形旋转角度的范围。

上述参数都设置完成以后，单击"确定"按钮。

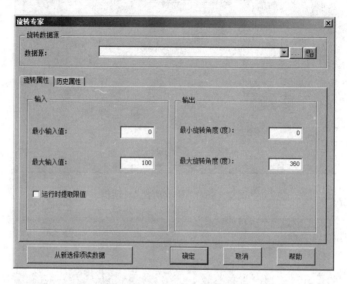

图 3-40 "旋转专家"对话框

（6）图形位置设置。将一个图形与一个数据相连接，图形所连接的数据增加或减少时，自身的位置也会随之上下、左右移动。设置方法如下：在图 3-38 中选中"位置"选项，会出现如图 3-41 所示的对话框。在图 3-41 中，需要对如下几项内容进行相应设置。

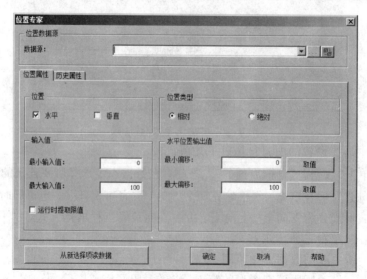

图 3-41 "位置专家"对话框

数据源：单击"数据源"方框后面的  按钮，在数据库中选择所要连接的数据。

位置：有垂直、水平两种移动方式，也可以两者同时选中。

位置类型：有"相对"和"绝对"两个选项，当选择"相对"选项时，图形的移动间距不会变，但初始位置可以随便改变；当选择"绝对"选项时，图形的初始位置与最终位置不会改变。

输入值：所关联的数据变化范围。

水平位置输出值：最小偏移，此时选取所设图形的初始位置坐标，具体做法是：将图形移动到所希望移动的初始位置，单击"取值"按钮。最大偏移，此时选取所设图形的最终位置坐标，具体做法是：将图形移动到所希望移动的初始位置，单击"取值"按钮。

上述参数都设置完成以后，单击"确定"按钮。

（7）图形可视。将一个图形与一个数据相连接，图形可以根据所连接数据当前值判断自身是否显示。设置方法如下：在图 3-38 中选择"高级动画"选项会出现如图 3-42 所示的高级动画设置的对话框。

图 3-42　高级动画设置的对话框

单击"可视"标签，出现如图 3-43 所示的高级动画"可视"选项卡。

图 3-43　高级动画"可视"选项卡

首先选中属性窗口"Visible"选项中的"动画"，会弹出图 3-43 下方"Visible 动态设置属性”对话框。在该对话框中需设置的内容包括如下几项。

数据源：单击“数据源”方框后面的 ... 按钮，在数据库中选择所要连接的数据。

转换类型：在数据转换下拉列表中选择“表”。

表格设置：有“完全匹配”、“范围比较”两种设置方式。完全匹配表示当前值必须跟设置值完全相同时才执行后面的字符串命令（True 代表显示，False 代表不显示），多用在与开关量数据连接时使用。范围比较表示当前值在设定值范围内时执行后面的字符串命令，多在与模拟量数据连接时使用。用户可以设置很多段数据范围。

上述参数都设置完成以后，单击“确定”按钮。

（8）选择数据源。从以上几个动画设置可以看出“基本动画”和“高级动画”对话框把相似的属性成组放在同一目录中。在“基本动画”对话框中，用“颜色”、“移动”、“填充”、“可视”、“命令”分成不同的动画专家。用户也可以使用“高级动画”对话框配置其他的动画。

在“高级动画”对话框中用标签代表每个分类。用户可以从这些标签中选择一个或多个属性。例如：假如想水平填充一个罐，同时改变其前景颜色，则可以选择位于“填充”标签中的“Horizontal Fill Percentage”属性和“颜色”标签中的“Foreground Color”属性。

无论选择多少个属性，必须为每个属性建立与数据源的连接，以获取并处理必要的数据。某一属性上的数据源可以与其他属性的数据源完全不同。

要选择数据源，必须在动画对话框的“数据源”域中输入其名称，同时应遵守相应的语法要求，告诉 iFIX 使用了哪种类型数据源。为帮助用户掌握数据源及其语法，iFIX 提供了智能默认功能，允许在输入的数据源不完整时自动提取数据源。例如：如果数据源是 iFIX 标签，在“数据源”域中输入 AI1，iFIX 则自动连接本地 SCADA 服务器数据库中的 F_CV 域。表 3-4 列出了每种数据源类型的语法。

表 3-4　每种数据源类型的语法

| 数据源类型 | 使用语法类型 |
| --- | --- |
| iFIX 标签 | Fix32. node. tag. field<br>这里，node 是想连接的 iFIX SCADA 服务器的名称；tag 是数据库标签；而 field 是数据库域名 |
| Proficy Historian 标签 | Hist. collector. tag<br>这里，Hist 是 Proficy Historian 服务器的别名；collector 是用户要连接的 Proficy Historian 采集器的名称；而 tag 是数据库标签 |
| I/O 地址 | server. io_address<br>这里，server 是 OPC 服务器的名称；而 io_address 是服务器的 I/O 地址 |
| 画面中的对象属性 | picture. object. property<br>这里，picture 是包含对象的画面名；object 是画面中的对象；而 property 是对象的属性名 |
| 画面属性 | picture. property<br>这里，picture 是包含该属性的画面；而 property 是画面的属性名 |
| VBA 事件 | 无。当用 VBA 脚本动画对象时，脚本直接改变相应的属性，并控制所有的动画效果 |
| 全局变量 | xxx. variable<br>这里，xxx 是全局对象；而 variable 是全局对象中的变量名 |
| 表达式 | 值操作符值<br>这里，value 是初始值；operator 是与两个值相关的运算符；而 value 是第二个值 |

（9）数据连接。数据连接用来显示数据源的 ASCII 码或数字信息，是画面中最常用的一种图形对象。用户可以从如图 3 - 44 所示的"插入"菜单中选择"数据链接"，弹出如图 3 - 45 所示的"数据连接"对话框。

在数据输入项中选择"无"表示创建一个"只读"连接，选择"可控制"表示允许从该连接中输入数据到数据源，进而可以选择"确定"选项。

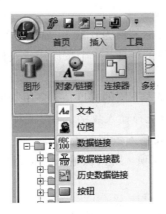

图 3 - 44　"数据链接"选择菜单

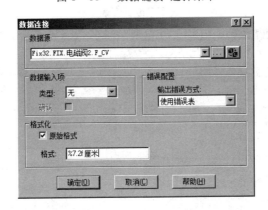

图 3 - 45　"数据连接"对话框

单击工具箱中的"数据连接戳" 按钮，也可以弹出如图 3 - 45 所示的"数据连接"对话框。此数据专家可以与数据库中的任何数据相连接，显示所连变量的实时数据，还可以修改显示数据的格式，并可在数据后面添加单位。在图 3 - 45 中，数据源表示选择所要显示的数据。

格式化：如果选中"原始格式"选项，则可以给连接数据添加单位。如果不选中，则显示出来的数据没有单位。图 3 - 45 中的"％7.2f 厘米"说明：％7 代表显示 7 个字符，2 代表 2 位小数，f 是格式，厘米代表数据的单位。f 与单位之间必须加空格。

（10）使用数据输入专家。用户可以通过监控画面对数据库中的数据进行修改，它是实现人、机交互的主要方法。下面介绍一下数据输入专家的具体使用方法。

首先选中画面中的一个图形对象（多为按钮对象），然后单击工具箱中的"数据输入专家"按钮，出现如图 3 - 46 所示的"数据输入专家设置"对话框。在该对话框中需要设置的内容包括以下几项：

① 数据源：选择想要控制的数据。

② 选择数据输入方法：由图 3-46 可知有多种设置方法，下面分别介绍：

数字/字母输入项：允许用户在运行方式下，通过键入方式来改变标签值，即通过键盘输入数据或字母。

滑动输入项：在运行方式下，允许用户通过移动滑动条来改变标签的值，常用于模拟量标签。

按钮输入项：允许用户设置标签值为 0 或 1，常用于数字量标签。在运行方式下，提供两个按钮，每一个都可有相应值的标题，一个按钮用于设值 0，另一个设值 1。标题长度最多可有 12 个字符。

梯度输入项：用鼠标单击输入不同的梯度值，多用于模拟量数据输入。

③ 数字/字母输入项：可以选择输入数字、字母两种字符。

④ 数字限："低限"设置所要输入数据的最小值。"高限"设置所要输入数据的最大值。

⑤ 运行时提取限值：选中此项，则默认输入数据的上、下限就是数据库中该数据的上、下限。

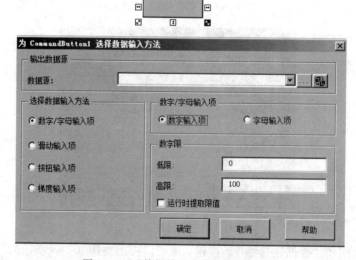

图 3-46 "数据输入专家设置"对话框

(11) 用表达式编辑器选择数据源。数据源主要为动画指定数据值，在 iFIX 中可选择多处数据源。除了直接输入数据源外，也可以使用"表达式编辑器"对话框的列表，选择数据源。对话框允许选择想要的数据源，或可以通过组合两个或更多的数据源创建新的表达式作为数据源。

表达式编辑器对话框允许访问 iFIX 系统中的所有数据源，有多种数据可用来作动画对象属性。数据源可以是单个值或一个表达式，并且表达式可以是一个值或多个用运算符连接的数值，用户可以使用表达式编辑器创建特定的表达式，从数据源中访问数据。在表达式中可有下列数据源：常数、以引号引起来的字符串、iFIX 标签、OPC 服务器 I/O 地址、图形对象的属性、全局对象的属性、报警计数器、历史数据。表 3-5 列出了表达式编辑器标签的含义。

表 3 - 5　表达式编辑器标签的含义

| 标　签 | 显　示　含　义 |
| --- | --- |
| FIX 数据库 | 任何与本计算机通信的 SCADA 服务器的数据库。当动画对象是 iFIX 标签时，可以使用该数据服务器作为数据源。该标签页包括节点名、标签名及域名窗口 |
| 画面 | 本计算机中的画面。对象窗口显示画面中的每个对象，可用这些对象作为数据源、动画画面中的对象或对象属性。属性窗口显示了所选对象的所有属性，可以选择相应的属性 |
| 全局 | 全局数据源。标签页包括对象和属性窗口 |
| 数据服务器 | 第三方 OPC 服务器。只有在运行时触发数据源与数据服务器的连接 |
| 报警计数器 | 所有与本地计算机通信的 SCADA 服务器的报警计数器。该标签页包括"报警区标签名"窗口，显示所选 SCADA 服务器的报警区及报警计数器标签。"报警计数器域名"窗口显示所选报警区的域 |
| Proficy Historian | 与本计算机进行通信的任何 Proficy Historian 服务器。想要实现对象动画时，使用 Proficy Historian 服务器数据源。该标签页包括"节点名"和"标签名"窗口，可帮助用户指定选择 |

　　如图 3 - 47 所示为"表达式编辑器"对话框，在该对话框中选择相应的数据源标签并选择数据源，其表达式编辑器操作如下：单击"FIX 数据库"标签；在"节点名"列表中选择"FIX"，在"标签名"列表中选择相应的标签即可在下面的表达式编辑区出现所选择的数据源。在表达式编辑区中，文本会发生变化以符合所做的选择，并允许创建新的表达式。同时，在窗口显示公差、死区或刷新速率的设置，并且还可以从画面的其他对象上选择属性值，一般来说，建议不使用其他画面中的对象，如果其他画面没有打开，对象将不被刷新。用户可以使用全局对象来替代，在后面章节将讨论全局对象。

图 3 - 47　表达式编辑器对话框

用户可以根据节点、标签名等过滤数据源来使用表达式编辑器，使用"表达式编辑器"对话框可以过滤数据源，以搜索特定的数据。这对于排除不需要访问的数据是非常有用的。

要过滤数据源，在"过滤"一栏中输入数据源字符串并单击"过滤"按钮（对于 FIX32 数据库的标签页，"过滤"按钮显示为 F）。要从列表框中进行选择，请单击字段右侧的向下箭头，也可以在此区域输入通配符（星号）搜索。

要查找所有指定字符开头的项目，在过滤域中输入 String＊，String 代表需要搜索的文本。

要查找包含某些指定字符的项目，在过滤域中输入＊String＊，String 代表需要搜索的文本。例如：输入＊motor＊ 搜索所有名字中包含字符串 motor 的标签变量。

使用问号可以搜索单个未知字符的字符串。例如：输入字符串 TAN？定位字符串TANK。

当选择数据源时，在对话框底部的域中显示该数据源。在此域中可以键入字符串，也可以添加操作符和数字常量，或单击对话框右侧的操作符按钮。要显示操作符按钮，单击"数学函数"按钮。表达式是通过一个或多个运算符连接的一个或多个数据值。使用"表达式编辑器"可以从数据源中访问数据并创建特定的表达式。这在定义对象的动态属性时，为用户提供了很大的灵活性。用户还可以使用含有基本的和布尔的数学功能按键的数学表达式，比如假设希望只有在两个数字量标签都关闭时颜色才改变，则其表达式为

Fix32.NODE8.DI1.F_CV = 1 AND Fix32.NODE8.DI2.F_CV = 1

单击"数学函数"按钮，如图 3-48 所示，单击对应的操作函数和数字就可以实现数学表达式的书写输入，非常方便。

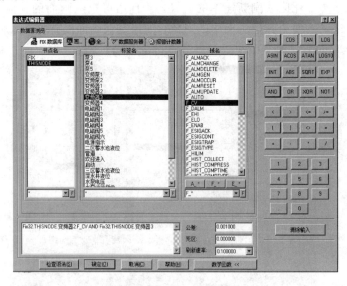

图 3-48　数学表达式的输入

在"表达式编辑器"对话框中可以定义公差、死区以及刷新速率。这三个域位于对话框的右下部，定义如下：

公差：当计算表达式时，在一个值上允许的偏差，即在 iFIX 中进行数值比较时，定义的舍入系数。如果在公差范围内，iFIX 认为两数值相等。公差设置只适用于表达式。

死区：当前数据值与最近数据值间的偏差，即定义 iFIX 更新该连接所要最大的波动值。死区根据当前值创建一个正、负的值变化范围区，当值在该范围内时，iFIX 不更新该值，一旦值超过该死区，值则更新。

刷新速率：刷新数据源的速率，以秒(s)为单位。在"刷新速率"栏中，输入以秒为单位的刷新速率。根据所输入的刷新速率，确定连接的更新速度。

(12) 编辑表达式。既然表达式编辑器依赖用户输入的具体数据值，那么数据的表现方式是至关重要的。掌握表达式正确语法之所以重要，原因就在于此。当编辑表达式时，最普遍的错误就是输入不正确。表达式语法主要有以下两种形式：

　　　值

　　　值　操作符　值

其中，值可以是常数或数据源，操作符是数学、关系或布尔运算符。运算符在表达式中作为一种符号，不仅把数据值连接起来，而且决定了这些值怎样一起工作改变数据源。要访问这些运算符，可单击"表达式编辑器"对话框中的"数学函数"按钮，并在扩展运算符键盘中进行选择，也可以在数字区单击相应的数字将其加入表达式中。除了这些运算符，"表达式编辑器"还允许使用许多函数，有些函数并不在扩展运算符键盘内，只能手动输入，所有三角函数均需键入弧度值。

数学运算符允许进行加、减、乘、除运算。利用这些运算符，可以生成数学表达式，也可以通过使用括号改变数学表达式中的优先权。数学表达式通过确定运算符两边的数据值进行求值，并进行数学操作。例如：表达式 5＋Fix32.SCADA1.AI1.F_CV，计算此表达式时，确定 iFIX 标签 AI1 的当前值，然后加 5。例如，如果该值为 50，则表达式计算结果为 55。

由于表达式的运算方式，运算符两边的值必须同为是数字值或同为字符串。比如，不能把叙述性的字符串"从主要供水系统中抽水"加入到数据源 Fix32.SCADA1.AI1.F_CV 中。但可以把该字符串加入到数据源 Fix32.SCADA1.AI1.A_DESC 中。表3-6 列出了部分数学表达式的含义。

### 表 3-6　部分数学表达式的含义

| 表　达　式 | 值 |
| --- | --- |
| 5＋Fix32.SCADA1.AI1.F_CV | 即 AI1 的当前值加 5。如果 AI1 为 100，则表达式计算结果为 105 |
| "5"＋Fix32.SCADA1.AI1.A_CV | AI1 的当前值和字符 5 连接。如果 AI1 为 100，则表达式值为 1005 |
| Fix32.SCADA1.AI5.F_CV * OPC1.N35 | iFIX 标签 AI1 与 I/O 地址 N35 的乘积。如果标签的值为 100，而 I/O 点的值为 50，则表达式计算结果为 5000 |
| Alarms.Rect1.Width/Alarms.Rect1.Height | Rect1 的长与宽的商。如果两个属性相等，那么表达式值为 1 |
| Alarms.Pump5.HorizontalFillPercentage ＋ Fix32.SCADA1.AI1.F_CV | Pump5 的 HorizontalFillPercentage 属性值加上 iFIX 标签 AI1 的当前值。如果 HorizontalFillPercentage 属性值为 50，而 AI1 的值为 100，则表达式计算结果为 150 |
| Alarms.Prompt.Caption ＋ "Enter tagname" | "标题提示"的属性值与字符串"Enter tagname"连接在一起。如果标题提示属性为零，则表达式为"Enter tagname" |

关系运算符用来比较两个值，并确定彼此间的关系，关系运算符主要有＝(等于)、＜＞(不等于)、＞(大于)、＜(小于)、＞＝（大于等于）、＜＝(小于等于)这 6 种。关系运算符通常用于布尔条件，判断部分或整个表达式是否为真或假。如：

　　　　Fix32. SCADA1. AI1. F_CV＝50

当计算此表达式时，比较运算符左边的值与右边的值。如果两边值相等，则为真；反之，为假。用户可以将任意数据值与其他数据值进行对比。

布尔运算符允许连接两个或更多的逻辑条件。布尔运算符主要有 AND 运算符、OR 运算符、NOT 运算符。

### 3.3.2　动态画面 VBA 编程设计

所有的动画都可使用 VBA 脚本来完成。脚本通常可以由应用程序临时调用并执行，各类脚本被广泛地应用于网页设计中，因为脚本不仅可以减小网页的规模和提高网页浏览速度，而且可以丰富网页的表现，如动画、声音等。举个最常见的例子，当点击网页上的 E－mail 地址时，能自动调用 Outlook Express 或 Foxmail 这类邮箱软件，就是通过脚本功能来实现的。

在 iFIX 中使用 VBA 语言对工程进行开发。VB 指的是一种程序开发语言，全名 Visual Basic。一般 VB 指的是 Microsoft Visual Basic 6.0，它是一个单独开发软件程序的软件。VBA 全名 Visual Basic for Application，它是 VB 的一个对于具体的开发软件的应用。它一般集成在应用软件中，几乎所有的 Office 软件都支持 VBA。

VBA 具有以下的特点：

(1) 面向对象和事件驱动的开发环境，支持 Microsoft 窗体和 Active X 控件，在 Microsoft 的产品中，用于扩充它们的功能。如：在 Excel 中添加工具栏，在 Access 中创建窗体，这些都是可以自定义的。

(2) 集成在 iFIX 中的 VBA 也可以扩充 iFIX 的功能。VBE 是 Visual Basic 的编辑器，它也是 VBA 的一个部分，它提供编写和调试代码，开发用户窗体，并可以查看 VBA 工程的属性，它可以从 iFIX Workspace 进入。

(3) VBA 是 VB 的内核，它可以根据用户的需求进行定制，即 VBA 是用户化的产品，用户用它就是扩充产品的功能的，VB 可以生成执行文件或 Active X(它们是独立的程序)，VBA 是不可以的。一些事件和属性的特定名称也稍有不同。

所有 VBA 工程必须与应用程序相关联，用户不能创建独立的 VBA 工程。与 VBA 工程关联的应用程序称为主应用程序，主应用程序就是 Workspace。在 iFIX 中，主机应用程序就是 Proficy iFIX 工作台。每个 VBA 工程均嵌入一个 iFIX 画面文件(＊.GRF)、工具栏文件(＊.TBX)、工具栏类别文件(＊.TBC)、调度文件(＊.EVS)、图符集文件(＊.FDS)或用户文件(USER.FXG)中。

iFIX 的脚本能够访问标准的 VBA 部件、所有的 iFIX 对象及其属性、方法和事件，其含义如表 3－7 所示。对象的可用属性、方法和事件取决于该对象的类型，比如，矩形对象没有字体属性，而文本对象则有该属性。对象如何响应事件取决于事件中的脚本，根据任务需要，脚本可以写在一个、一些或所有事件中。

表 3 – 7　常用 iFIX 术语含义

| 术语 | 含　义 |
|------|--------|
| 对象 | 由数据和过程组成，可作为一个单元处理，每个对象都有自己的属性、方法和事件，它们可用于脚本中。例如：矩形、定时器和调度事件 |
| 属性 | 对象的特征。例如：对象在画面中的颜色、长度、位置 |
| 方法 | 影响对象特征的子程序。例如：对象的标度和刷新 |
| 事件 | 操作对象的动作，如用鼠标点击对象或改变对象的尺寸时；如果为事件赋予脚本，则在事件触发时执行脚本；在 iFIX 中，用户动作、程序代码或其他情况下可触发事件。例如：点击鼠标、数据值达到某一限值 |

编写对象的 VBA 脚本有两种方法，即使用命令专家和使用 Visual Basic 编辑器（VBE）。

**1. 命令专家**

在 iFIX 中使用专家是很简单、也很简便的方法。专家分为动画、命令、数据库、数据输入、画面和报表，它们有许多的功能。使用命令专家和编辑脚本的效果是一样的，都可以在 VBE 中看到它们的代码。这些专家都是面向对象的，作用是插入常规操作的代码。例如，在 iFIX 工作台画面编辑区放置一按钮，在主菜单单击"工具"→"命令"，选择"打开画面"专家命令，如图 3 – 49 所示。弹出如图 3 – 50 所示的"打开画面专家"对话框，选择当单击按钮时需要打开的画面，单击"确定"按钮即可完成相应的设置。单击"切换至运行"按钮即可实现当单击按钮时弹出相应的画面。

图 3 – 49　"打开画面"专家命令

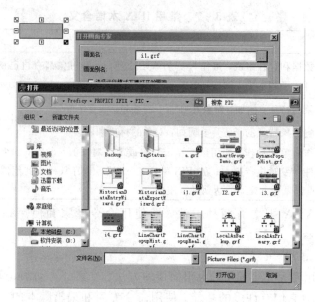

图 3-50　"打开画面专家"对话框

设置完成后，可以通过右键单击按钮图标，选择"编辑脚本"命令，可以打开其对应的 VBE 中生成的代码，如图 3-51 所示。

图 3-51　VBE 中生成的代码

**2. Visual Basic 编辑器(VBE)**

从工作台"首页"菜单中选择"Visual Basic 编辑器"或右击画面编辑区对象并选择"编辑脚本"命令，就会弹出如图 3-51 所示的 Visual Basic 编辑器。工程资源管理器一般在编辑器的左边，每个图形都作为一个工程，属性窗口与工作台中的属性窗口相同，代码窗口一般为编辑器中最大的窗口。

工程资源浏览器是 VBE 中的一个特殊窗口，能显示 VBA 工程中的所有元素。所有元素显示在一个树状结构中，树中的每一个分枝显示了相关信息，比如窗体、代码模块及 iFIX 的元素(如画面、工具栏和全局页)等。

利用工程资源浏览器可容易选择工作元素。例如，如果想添加一个按钮到一个特定的窗体中，那么可以从工程浏览器中选择这个窗体来完成添加工作。在选择一个要编辑的工程元素之后，VBA 编辑器会自动打开相关的工具。例如，当选择一个窗体后，在显示窗体的同时，应用工具窗口也会显示在屏幕上。

在工程资源浏览器中选择并编辑工程元素的方法：双击对象；或者选择对象，单击右键，然后选择浏览代码或浏览对象，只有相关的选择才会有效。例如，对一个代码模块来选择浏览对象是无效的。

用户可以从"插入"菜单中选择"工程资源浏览器"命令，或按下"Ctrl＋R"键来打开工程资源浏览器。

属性窗口常用来浏览和设置对象的属性。例如，在属性窗口中设置一个 iFIX 画面的背景色，或者改变画面中某个矩形的名称。如图 3-52 所示为在其中对画面属性进行一系列相关设置。

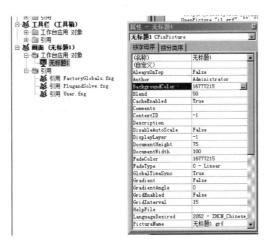

图 3-52　VBE 属性窗口

代码窗口是用来编写与 VBA 工程相关代码的地方。该窗口可以编写用户单击某画面按钮所执行的相应代码，或将其作为程序库的一部分服务于整个工程，如图 3-53 所示。

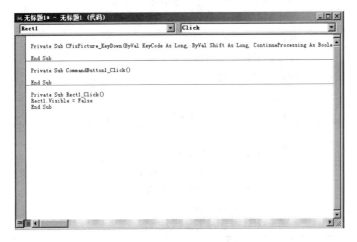

图 3-53　代码编辑窗口

在图 3-53 中，两个下拉列表位于标题栏的正下方。一个列表显示了代码中的所有对象，另一个列表显示了每一个对象的相关程序。通过下面任一种方法可以弹出代码窗口：

① 鼠标右击工作台中的一个对象并从弹出菜单中选择"编辑脚本"。

② 双击工程浏览器中应用程序的任何一个代码元素，比如"模块"和"类模块"。

③ 双击 VBA 工程或控制窗体中的任何地方。

④ 从 VBE 窗口中选择查看代码。如果想查看一个特定工程元素的代码，例如 worksheet，确定选择的是工程浏览器中的第一个元素。

⑤ 从插入菜单中选择"模块"命令，或鼠标右击工程浏览器并选择插入模块。

一旦代码窗口出现，就可以直接在窗口中写入代码，并且在可用对象后键入句点（.），将会出现可用于对象的属性和方法列表。

**3. VBA 与程序块的比较**

在开发应用过程中，常常需要使用脚本，在 iFIX 中有多处可以使用编程脚本。一般来说有两种方法：一是通过 VBA 来编程；二是通过数据库块来编程。通过 VBA 来编程可以在工作台和调度程序中使用；可以用大量的命令、对象属性和基于事件触发运行。过程数据库可用多个数据块、程序块、事件块、定时器块、计算块等，其使用的指令少，可以基于块的扫描时间运行。常用的 iFIX 子程序如表 3-8 所示。

表 3-8　iFIX 常用子程序

| 子程序 | 功 能 描 述 |
|---|---|
| AcknowledgeAllAIarms | 确认指定画面中的所有块报警 |
| AcknowledgeAllAIarm | 确认指定块的报警 |
| DisableAlarm | 屏蔽指定数据块的报警 |
| EnableAlarm | 启用指定数据块的报警 |
| CloseDigitalpiont | 关闭指定的数字量标签或对该标签置 1 |
| OpenDigitalPoint | 打开指定的数字量标签或对该标签置 0 |
| ToggleDigitalPoint | 切换数字量标签的状态（打开和关闭） |
| ClosePicture | 关闭指定的画面 |
| OpenPicture | 打开指定的画面 |
| ReplacePicture | 关闭指定的画面并用其他画面代替 |
| offScan | 停止指定标签扫描 |
| Onscan | 设置指定标签扫描 |
| Togglescan | 切换指定标签的扫描状态 |
| SetAuto | 设置指定标签的扫描为自动模式 |
| SetManual | 设置指定标签的扫描为手动模式 |
| ToggleManual | 切换指定标签的手/自动模式 |
| ReadValue | 读指定标签的值 |
| WriteValue | 设置指定数据标签的当前值 |
| RampValue | 为指定标签的当前值增加或减小该标签 EGU（工程单位）的百分比值 |
| LcateObject | 在画面中查找指定对象或所选对象 |
| Login | Login 子程序,执行标准的注册程序 |
| PictureAlias | 给当前画面定义别名或小名 |

**4. 脚本举例**

这些脚本需要和画面中的对象进行配合才能正确的使用，经过简单修改就可以应用到自己开发的工程中去。

**例 3.1**

```
Private Sub RoundRect1_Click()
OpenPicture "Picture2"
End Sub
```

**例 3.2**

```
Private Sub Rect1_Click()
WriteValue 30，"fix32. node8. ao1. f_cv"
End Sub
```

**例 3.3**

```
Private Sub Oval1_DblClick()
AcknowledgeAllAlarms "Picture2"
End Sub
```

**例 3.4**

```
Private Sub Rect2_Click()
Rect2. RotationAngle = Rect2. RotationAngle + 20
End Sub
```

**例 3.5**

```
Private Sub Rect3_Click()
Dim iValue As Integer
iValue = ReadValue("fix32. node8. AI1. f_cv")
If iValue < 50 Then
RampValue"50"，False，"AO1"
Else
MsgBox "Value over 50"
End If
End Sub
```

**例 3.6**　在 iFIX 工作台中启动数据库编辑器，在数据库中建立一个数字量输出数据标签，如图 3-54 所示。建立完后的数据库如图 3-55 所示。

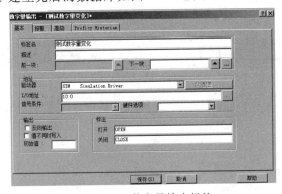

图 3-54　数字量输出标签

图 3-55　数据库

在画面编辑区放置一数据连接戳并建立和 DO 的连接，同时放置两个按钮并修改其名称，如图 3-56 所示。

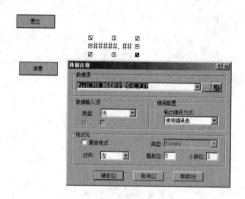

图 3-56　建立数据连接

分别右键单击两个按钮，进入编辑脚本窗口，启动 VB 编辑器，在其中分别书写脚本，如图 3-57 所示。

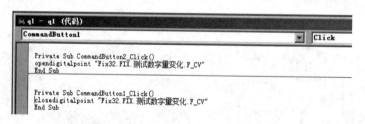

图 3-57　VBE 脚本

在上述设置完成后，分别保存。回到 iFIX 工作台画面编辑区，启动运行系统，其效果如图 3-58、图 3-59 所示，当单击"置位"按钮时，数据显示为 1；当单击"清零"按钮时，数据显示为 0。

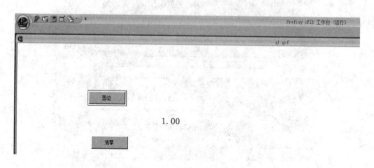

图 3-58　置位运行结果

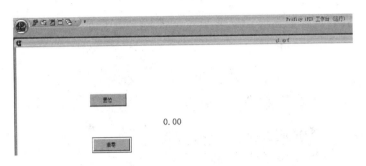

图 3-59 清零运行结果

**例 3.7** 例 3.6 中实现的功能也可以使用命令专家来实现。具体步骤如下：

首先在数据库管理器中建立如图 3-55 所示的数据标签；然后在 iFIX 工作台的画面编辑区放置两个按钮，分别将其命名为"关闭数字量标签（置位）"和"打开数字量标签（复位）"，并放置一数据连接戳，建立和数据库中"测试数字量变化"标签的连接，如图 3-60 所示。

选中"关闭数字量标签（置位）"按钮图标，单击"工具"→"命令"→"关闭数字标签"，如图 3-61 所示。弹出如图 3-62 所示的"关闭数字量点专家"对话框，在其中进行相应的数据连接，连接到数据库中建立的"测试数字量变化"标签。分别单击"确定"按钮即完成了相应的设

图 3-60 画面编辑区设置

置。用户可以通过右键单击"关闭数字量标签（置位）"按钮图标，选择"编辑脚本"命令，弹出如图 3-63 所示的 VBE 中已经在后台系统自动建立好的脚本，这和图 3-57 中手动输入的脚本一致，证明了两种方法都可以达到同样的效果。

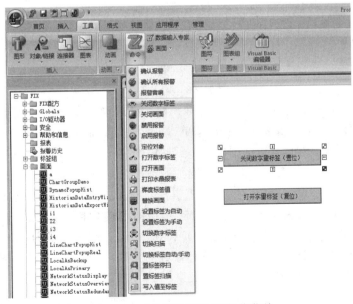

图 3-61 "关闭数字标签"操作菜单

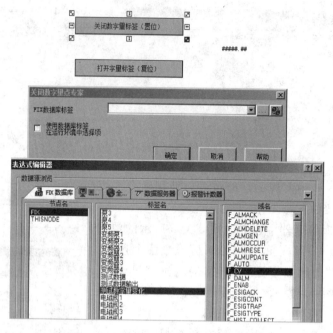

图 3 - 62　"关闭数字量点专家"对话框

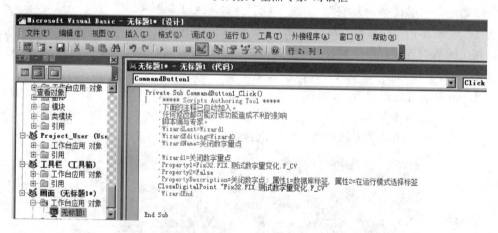

图 3 - 63　VBE 脚本

对于"打开数字量标签（复位）"，换成另一种途径来设置专家命令。选中"打开数字量标签（复位）"按钮，右键单击选择"动画"菜单，如图 3 - 64 所示。之后弹出如图 3 - 65 所示的"基本动画"对话框。选择其对话框中"命令"栏中的"点击"选项，弹出图 3 - 65 中的"多命令脚本向导"选择窗口。在窗口中单击"要附加的动作"的下拉箭头，选择"打开数字量标签专家"，弹出"打开数字量点专家"对话框，在其中进行相应的数据连接，连接到数据库中建立的"测试数字量变化"标签。分别单击"确定"按钮即完成了相应的设置，如图 3 - 66 所示。可以通过右键单击"关闭数字量标签（置位）"按钮图标，选择"编辑脚本"命令，弹出如图 3 - 67 所示的 VBE 中已经在后台系统自动建立好的脚本，这和图 3 - 57 中手动输入的脚本一致，证明了两种方法都可以达到同样的效果。

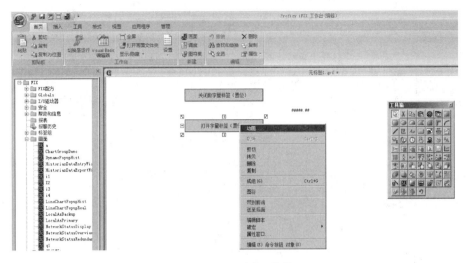

图 3-64　"动画"菜单

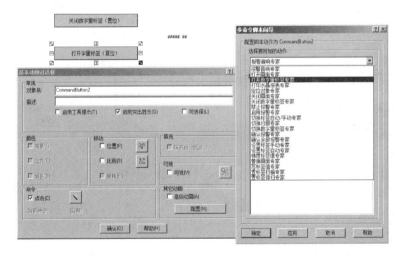

图 3-65　"基本动画"对话框

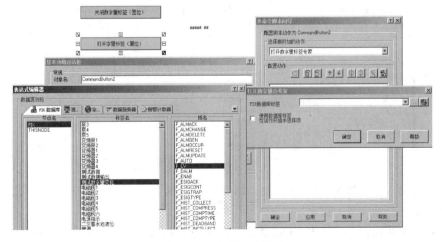

图 3-66　数据连接设置

图 3 - 67　VBE 系统自动添加的脚本

在上述设置完成后，分别保存。回到 iFIX 工作台画面编辑区，启动运行系统，其效果如图 3 - 68、图 3 - 69 所示，当单击"关闭数字量标签（置位）"按钮时，数据显示为 1，当单击"打开数字量标签（复位）"按钮时，数据显示为 0。

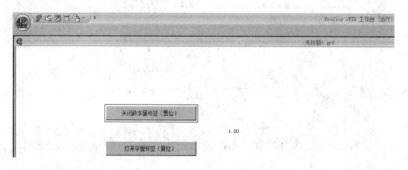

图 3 - 68　置位运行结果

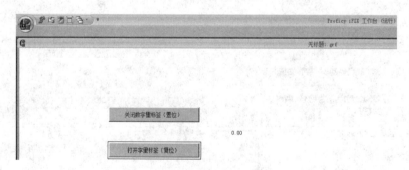

图 3 - 69　复位运行结果

**例 3.8**　输入一个数值，当其超过 50 时其显示在画面上，当小于 50 时不显示。具体操作步骤如下：

（1）在数据库中添加一个模拟量输出标签，接收输入的数据值。建立的数据库标签如图 3 - 70 所示。单击"保存"按钮，建立的数据库如图 3 - 71 所示。

图 3-70　模拟量输出标签

图 3-71　建立的数据库

（2）在 iFIX 工作台的画面编辑区添加一个文本、一个按钮和一个数据连接戳，并分别进行相应的设置，如图 3-72 所示。

图 3-72　画面编辑设置

（3）选择"点击此处输入数据"按钮，再单击工具箱中的"数据输入专家"工具图标，弹出如图 3-73 所示的对话框，并在其中进行数据源的连接设置，即输入的数据存入到数据源连接的数据库标签中。

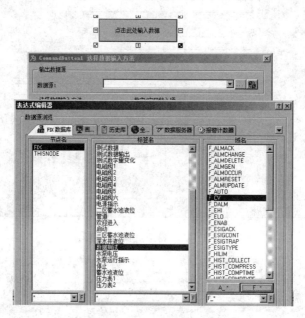

图 3-73　"数据输入专家"对话框

（4）在画面编辑区选择放置的数据连接戳，右键单击，在弹出的菜单中选择"动画"命令，出现"基本动画"对话框，如图 3-74 所示。单击"高级动画"下面的"配置"按钮，弹出如图 3-75 所示"动画配置"对话框。

图 3-74　"基本动画"对话框

（5）在"动画配置"对话框中，打开"可视"选项卡，勾选其属性名下面的"动画"对应的小方框，并在下面的数据源建立和数据库中数据标签的连接，在表格设置中根据设计要求进行相应的设置，并且还可以增加和删除不需要的行，可以很方便地进行修改。

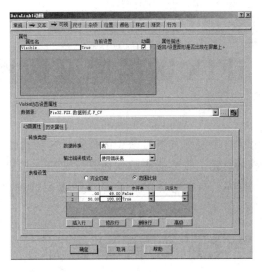

图 3 - 75　动画配置对话框

（6）设置完成后单击"确定"按钮，分别保存即可。回到 iFIX 工作台画面编辑区，启动运行系统，其效果如图 3 - 76、图 3 - 77 所示。

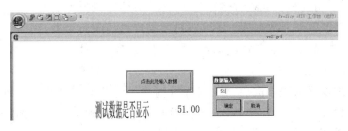

图 3 - 76　运行结果（一）

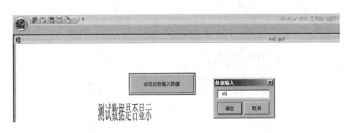

图 3 - 77　运行结果（二）

# 第 4 章　iFIX 数据库及数据库标签

数据库在工业自动化策略中发挥着不可缺少的作用，它从硬件中获取或给硬件发送过程数据，是 iFIX 系统的核心。无论收集历史数据还是生成班次报表，iFIX 都能创建支持工业控制和自动化要求的数据库。本章主要介绍了 iFIX 数据库的建立、数据库标签的使用以及全局变量的使用方法。

## 4.1　数据库简介

### 4.1.1　数据库管理器介绍

在 iFIX 中用于创建和管理过程数据库的主要工具是数据库管理器，它可以打开和配置任何一个 SCADA 服务器数据库，还可以对数据库进行查询和排序，查找和替换数据库信息，导出和导入数据库，自动生成多个数据库以及定制显示。

**1. 启动数据库管理器**

用户可以通过以下两种方法启动数据库管理器：在工作台主菜单应用程序工具栏（经典视图）上单击"数据库管理器"按钮，或在工作区视图的数据库组中选择"数据库管理器"，如图 4 - 1 所示。当数据库管理器启动后，它提示用户选择要连接的 SCADA 服务器，并且与选择的计算机建立连接。一旦数据库管理器连接上了所选择的 SCADA 服务器，程序就会打开这个服务器上的当前数据库。启动后的数据库管理器如图 4 - 2 所示。

图 4 - 1　"数据库管理器"按钮

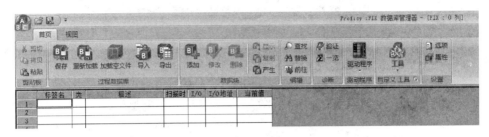

图 4-2　数据库管理器

数据库以电子数据表的形式出现，每一行是一个独立的数据库标签，可以接收、检查、处理并输出过程值；每一列是一个域，可以根据显示的需要添加或删除相应电子表中的列。

数据库编辑器可以打开节点列表（SCU 中定义）中任何 SCADA 节点的数据库。电子表格的整个顶部是数据库管理器菜单栏，提供了常用的数据库操作，例如保存一个数据库或添加一个数据块。

**2."自定义"工具栏**

在数据库管理器中，单击经典视图"工具"菜单的"自定义工具"右下角的小斜箭头，将显示如图 4-3 所示的"自定义"对话框。

**3. 保存数据库**

在经典视图中，单击"数据库"菜单中的"另存为"按钮，将显示"另存为"对话框，如图 4-4 所示。在"输入数据库名"一栏中，输入数据库名称，单击"另存为"以保存数据库。

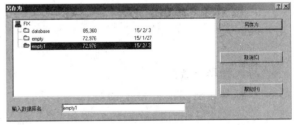

图 4-3　"自定义"对话框　　　　　　图 4-4　数据库另存为对话框

**4. 电子表格属性设置**

数据库的电子表格有很多可以配置的属性。它包括排序命令、缺省查询、显示格式、颜色方案、字体属性等。通过配置这些属性能够根据需要自定义电子表格。单击工具栏的"属性"按钮，弹出如图 4-5 所示的"属性"对话框。

"排序"属性用来定义数据库的排序文件，可用按钮来保存和载入排序文件。

"查询"属性用于查找数据库中特定的信息，可用关系操作符、布尔操作符和通配符来生成或修改查询。

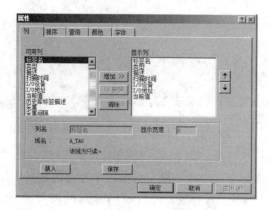

图 4-5　"属性"对话框

　　"颜色"属性用来改变电子表中文本的颜色，也可改变以下颜色：边框、边框文本、单元格背景、网格、单元格文本。

　　"字体"属性用于改变电子表中文本的字体。

　　**5. 数据库属性设置**

　　单击工具栏上的"选项"按钮，弹出如图 4-6 所示的"选项"对话框，该对话框中包括常规选项、显示选项和编辑选项。用户可以根据具体需要进行相应的设置。

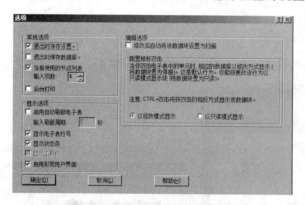

图 4-6　"选项"对话框

　　**6. 导入和导出数据库**

　　iFIX 支持导出当前屏幕上的数据块，使用文本编辑器或电子表编辑器完成较大的编辑任务，也可以用过程数据库修改报警区域数据库，将其导入到关系数据库并进行分析。在数据库工具栏"首页"菜单下选择"导入"或"导出"，即可进行相应的操作，如图 4-7 所示。

　　从图 4-7 的保存文件类型可以看出，导入和导出的形式如下：

　　导入/导出到一个 GDB 文件，用于现有的 FIX 数据库。

　　导入/导出到一个 CSV 文件，当使用电子数据表编辑器编辑块时，这是一个非常有用的格式。导出的 CSV 文件格式的数据库在 Excel 中打开的效果如图 4-8 所示。

　　导入/导出到一个制表符分隔的文本文件。

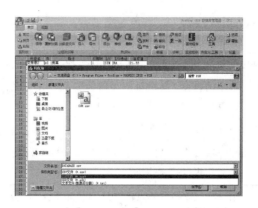

图 4 - 7　导出对话框

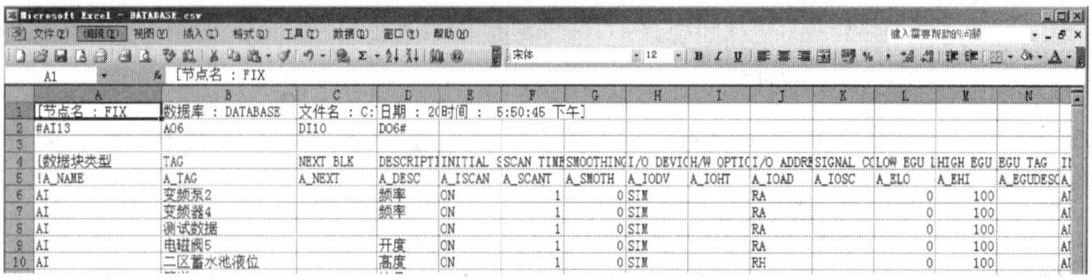

图 4 - 8　在 Excel 中打开的数据库

## 4.1.2　数据库标签介绍

iFIX 的数据库是由数据库标签(块)组成的,每个数据库标签(块)是独立单元,可以接收、检查和处理并输出过程值。数据库标签常常构成一条链,以完成特定的功能。图 4 - 9 为过程数据库的链示例。

图 4 - 9　过程数据库链

数据库标签有两种类型:一级数据库标签和二级数据库标签。

一级数据库标签接收和发送来自于 DIT 的数据,一般与 I/O 硬件相关联,例如泵、储罐、温度传感器、光电池、限位开关都是可以用来与一级块相关联的过程硬件。

大多数一级数据库标签,如表 4 - 1 所示,都包括一个扫描时间,扫描时间控制 SAC 何时对数据库中的块进行扫描。

表 4 - 1　一级数据库标签

| 标　签 | 功　能 |
| --- | --- |
| 模拟量报警(AA) | 每扫描一次,模拟量报警标签从 DIT 中的 I/O 地址中读取模拟量数据,并使用该数据进行报警控制 |
| 模拟量输入(AI) | 每扫描一次,模拟量输入标签从 DIT 中的 I/O 地址中读取模拟量数据 |

续表

| 标 签 | 功 能 |
|---|---|
| 模拟量输出（AO） | 每接收到一个值，模拟量输出模标签把一模拟信号送入 DIT 的 I/O 地址 |
| 模拟量寄存器（AR） | 使用最小的内存，模拟量寄存器标签从 DIT 中的 I/O 地址读取模拟量数据，或把模拟量信号送入 DIT 中的 I/O 地址 |
| 布尔量（BL） | 对最多 8 个输入执行布尔运算 |
| 数字量报警（DA） | 每扫描一次，数字量报警标签从 DIT 中的 I/O 地址中读取数字量数据，并使用该数据进行报警控制 |
| 数字量输入（DI） | 每扫描一次，数字量输入标签从 DIT 中的 I/O 地址中读取数字量数据 |
| 数字量输出（DO） | 每接收到一个值，数字量输出模标签把一数字信号送入 DIT 的 I/O 地址 |
| 数字量寄存器 （DR） | 使用最小的内存，数字量寄存器标签从 DIT 中的 I/O 地址读取数字量数据，或把一数字量信号写入 DIT 中的 I/O 地址 |
| 多态数字量 输入（MDI） | 多态数字量输入标签提供了监视 1、2 或 3 个相关的数字量输入的方法，并基于接收的数字量产生一组输入值（0~7） |
| 文本（TX） | 允许对设备的文本信息进行读/写操作 |

二级数据库标签大多数从上游数据库标签（链的上游）发送或接收数据，根据输入完成特定的功能，比如可以完成计算或存储输入，二级数据库标签没有扫描时间并且从不位于链首，但是可以连接二级数据库标签来创建一个数据链，如图 4-10 所示。

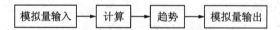

图 4-10  二级数据库标签的数据链

**注意**：数据链中的第一个数据库标签是一个一级数据库标签。这个数据库标签对数据链中的下一个数据库标签来说是主数据源，决定了整个链的扫描时间。表 4-2 列出了几个有用的标准二级数据库标签。

表 4-2  标准二级数据库标签

| 标 签 | 功 能 |
|---|---|
| 计算（CA） | 计算标签进行数学计算，最多可有 8 个值参与计算 |
| 事件操作（EV） | 事件动作标签使用 IF-Then-Else 逻辑，判断前一标签的值或报警条件，然后打开或关闭一数字量标签，或将标签置于/退出扫描 |
| 扩展趋势（ETR） | 扩展趋势标签允许在一定周期内保存 600 个趋势值 |
| 扇出（FN） | 扇出标签可将接收到的数据，传送给最多 4 个其他标签 |
| 信号选择（SS） | 信号标签选择提供的方法，可选择最多 6 个示例信号，根据用户选择的模式处理输入，并将结果送至下一标签 |
| 计时器（TM） | 计时器标签作为时间计数器，不断增加或减小它的值 |
| 累计（TT） | 累计标签累计从上游标签传来的浮点数 |
| 趋势（TR） | 趋势标签存储一段时间内 80 个数值的变化趋势 |

# 4.2　数字量数据库标签

### 4.2.1　数字量输入标签

数字量输入(DI)标签用来读取数字量数据到数据库，当每次扫描、报警和控制(SAC)程序扫描块时，数字量输入标签发送和接收 I/O 驱动程序或 OPC 服务器的数字数据(1 或 0)。数字量输入标签可以使用在以下地方：提供报警；代表诸如限值开关、阀门、报警触点和电机辅助触点的项；通过打开(标签)和关闭(标签)字段把描述性标签指派给数字值。

在数据库管理器下面的表格中双击任何一个空白处，在弹出的"选择数据块类型"中选择"DI 数字量输入"，如图 4 - 11 所示，即弹出如图 4 - 12 所示的"数字量输入"对话框。

图 4 - 11　选择数据块类型

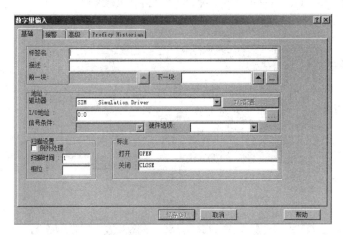

图 4 - 12　"数字量输入"对话框

在图 4-12 中,"标签名"在数据库中必须是唯一的,最多可达 40 个字符,在标签名中必须有一个非数字字符,它的开头可以是数字,有效字符包括:_(underscore),/(forward slash),!(exclamation point),|(pipe),♯(number sign),[(open bracket),％(percent sign),](close bracket),$(dollar sign),但不允许有空格。

"描述"最多可有 40 个字符,可在报警一览、图表、图形对象等中显示。

"下一块"指链中下一个标签的标签名。

"前一块"指链中前一个标签的标签名,在数字量输入块中,该字段一般为空。

"驱动器"指 iFIX I/O 驱动器的名称,可以有 300 多个可用的驱动器。

"I/O 地址"指定该标签的数据存储位置。对输出标签,指定输出的目的地,其详细信息需要查阅 I/O 驱动器指南;对基于例外和基于时间的标签,不要指定同样的地址。表 4-13 列举了一些驱动器的地址。

**表 4-3　I/O 驱动器地址举例**

| 类　型 | 数字量 I/O 地址 | 模拟量 I/O 地址 |
|---|---|---|
| Generic Entry | Device:Address | Device:Address |
| Allen Bradley | Dev1:I:52/7 | Dev2:N7:52 |
| GE | Dev1:I:1 | Dev2:R:1 |
| Modicon | Dev1:10001 | Dev2:30001 |
| Opto | 22 | Dev1:0 |
| Siemens | Dev1:17:0 | Dev2:13 |
| Texas Instruments | Instruments | Dev1:X1 |

"硬件选项"用于一些 I/O 驱动器的额外信息,该字段一般为空白,如果需要该字段,查阅驱动器指南。

"扫描时间"定义了 SAC 扫描并处理数据库中标签的时间间隔。扫描时间有三种类型:基于时间,即处理标签的时间间隔;基于例外,只有当 I/O 数据变化大于轮询记录的死区时才进行处理;一次性处理,表示 SAC 程序对标签只处理一次,一般在字段中输入一个 0。

"标注"最多有 16 个字符。如果在数据连接中使用了 F_CV 字段,显示 0 或 1;如果在数据连接中使用了 A_CV 字段,显示标注。缺省标注:打开为 0,关闭为 1。

在"数字量输入"对话框中单击"报警"标签,弹出如图 4-13 所示的"报警"选项卡。

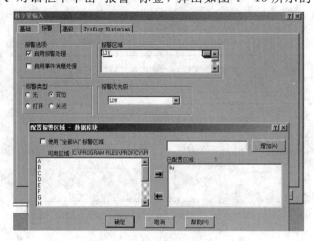

图 4-13　"报警"选项卡

"启用报警处理"表示定义是否启用或禁用报警处理,生成报警消息并可通过连接(Link)显示报警条件,允许其他标签检测该标签的报警。当禁用该标签报警时,将影响整个链。

"启用事件消息处理"提供一些不会引起潜在问题的事件消息。事件消息无需确认,DI标签每次加入报警状态,都会生成一个消息,必须同时启用"报警"和"事件消息"检查框。对于特定的标签,事件消息和报警一样,同时发送到同一报警目标中,但不能显示在报警一览连接里,消息发送的目标在 SAC 中配置。

"报警类型"值为 0 时表示"打开"报警,值为 1 时表示"关闭"报警。当状态改变时,每次转换都生成一个 COS 报警。COS 报警保持一个扫描时间,且只能分配给基于时间的标签。标签值改变时产生报警,在其他情况下则产生事件消息,比如通信失败。

在数字量输入对话框中单击"高级"标签,弹出如图 4 - 14 所示的"高级"选项卡。

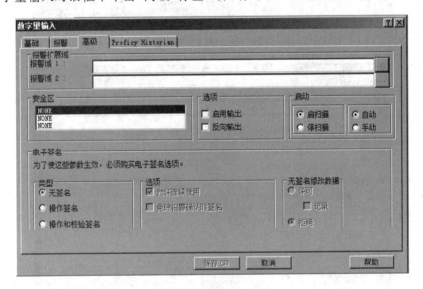

图 4 - 14　"高级"选项卡

"报警扩展域"是用户自定义的域,可作为额外的描述域。第一个扩展域常定义为一画面名,用于显示数据块信息,在报警一览对象中双击该项时,允许操作员显示该域定义的画面。

"安全区"可定义 3 个安全区,为标签提供写保护。要改变写保护标签的值,用户必须具有访问该标签任何一个安全区的权限,修改该数据块的值,操作员必须具有该数据块的安全区。不管安全区如何设置,数据块对所有用户都是可读的,尽管用户不能写特定安全区的数据,但可以读取数据。

"启用输出"表示允许标签输出值到相应的 I/O 地址中。

数字量输入标签使用步骤举例如下:

(1) 在数据库管理器中建立一个数字量输入变量,如图 4 - 15 所示。

(2) 同时,为了能在运行界面给其复制,必须选中"高级"选项卡中的"启用输出"选项,如图 4 - 16 所示。

完成相应设置后单击"保存"按钮,弹出如图 4 - 17 所示的对话框,单击"是"按钮,置该块为扫描状态,这样,此标签被添加到数据库中,并显示在电子表格中。

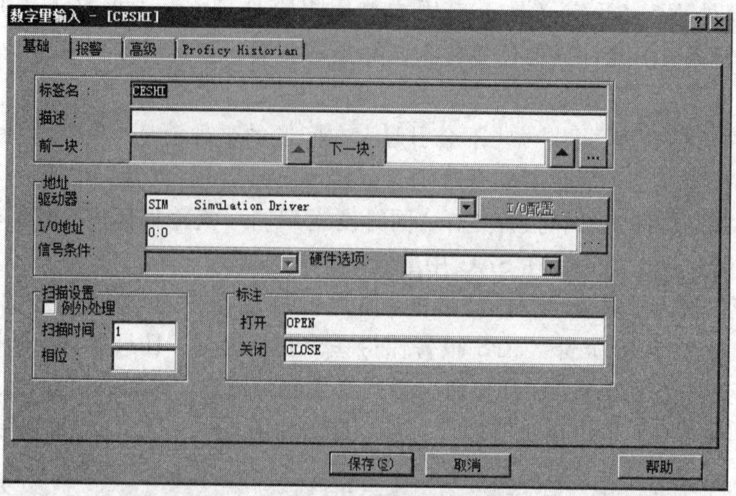

图 4-15　建立的 CESHI 数字量

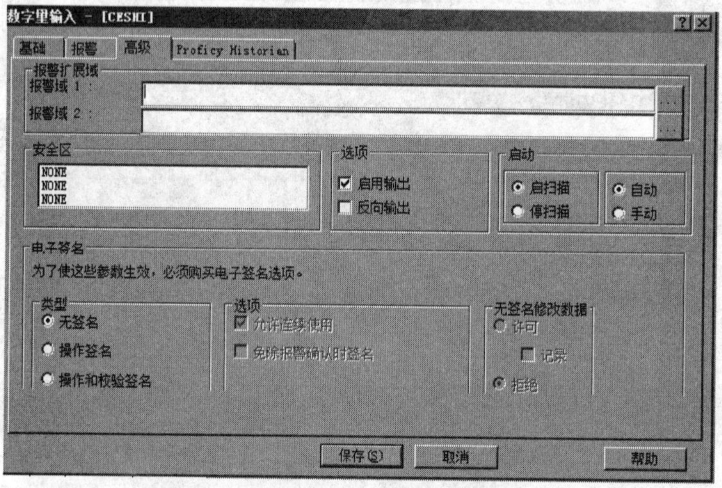

图 4-16　"高级"选项卡

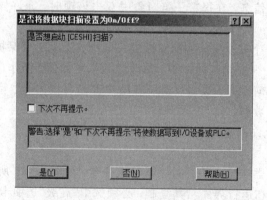

图 4-17　确认扫描的对话框

　　（3）在画面编辑区放置一个数据连接戳，连接到在数据中建立的 CESHI 变量的 F_CV 字段，如图 4-18 所示。

图 4-18　数据连接戳设置(一)

(4) 在画面编辑区再放置一个数据连接戳,连接到在数据中建立的 CESHI 变量的 A_CV字段,如图 4-19 所示。

图 4-19　数据连接戳设置(二)

(5) 在画面编辑区再放置一按钮,并单击工具箱中的"数据输入专家"图标,弹出如图 4-20 所示的对话框,进行相应的设置。

图 4-20　按钮的数据输入专家设置

（6）设置完成后，分别进行相应的保存，然后单击"运行"按钮，让画面系统处于运行状态，如图4-21和图4-22所示。当单击按钮的时候弹出"数据输入"对话框，输入1时其放置的两个数据连接戳分别显示1.00和CLOSE，输入0时其放置的两个数据连接戳分别显示0.00和OPEN。

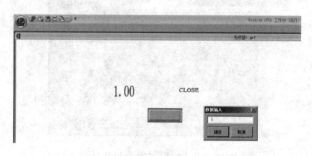

图4-21　画面运行结果（一）

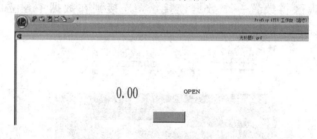

图4-22　画面运行结果（二）

### 4.2.2　数字量输出标签

数字量输出（DO）标签用来把数据库中的数字量数据写到DIT表中的I/O地址中，是一级数据库标签，可作为独立标签使用，数字量输出标签可以用在以下地方：

（1）在数据库初始化过程中，当SAC首次处理标签时，通过自动把值发送到硬件，使用"初始值"一栏建立稳态条件。

（2）连接到数字设备，如电机启动机、喇叭和电磁阀。

（3）通过打开（标签）和关闭（标签）字段把描述性标签指派给数字值，使它们对操作员更有意义。

（4）当链接到PID或开关控制标签时，帮助诸如直接数字控制等控制情况。

（5）通过"下一块"栏把值传递给其他块。

在图4-11中选择"DO数字量输出"，弹出如图4-23所示的"数字量输出"对话框。

数字量输出标签与数字量输入标签页面基本相同，有的选项含义是一样的。这里主要介绍和数字量输入不一样的地方。

"反向输出"表示在数值送入DIT表之前，当前值取反。

"初始值"表示当装入过程数据库时，将值送入DIT表；无论数据库何时重新装入，数值都将送入DIT表。

"报警"选项卡中的事件消息启用后，数值每送入DIT表一次，则产生一条消息。

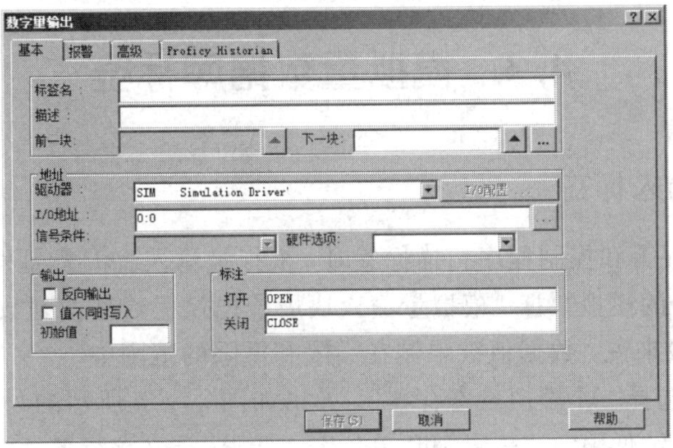

图 4-23　"数字量输出"对话框

### 4.2.3　数字寄存器标签

数字寄存器(DR)标签在过程硬件中读/写数字数据。它可使用最少的内存在单个标签中实现输入和输出功能，iFIX 只在引用该标签的画面打开时才处理该块。

数字寄存器标签是一级数据库标签，且是独立标签，用于发送和接收 I/O 驱动程序或 OPC 服务器的数据，不要求 SAC 处理。与数字量输入标签相比，数字寄存器标签降低了 CPU 负荷，同时提高了 SAC 性能，即使 SAC 没有运行，在 Proficy iFIX 工作台中显示包含数字寄存器标签的画面时也会处理此类的标签。当显示另一个画面或操作员退出 Proficy iFIX 工作台时，不会处理该标签，接收脉冲或数字信号，最多可在同一个轮询记录中访问 1024 个数字 I/O 点，不支持报警。数字寄存器标签可以使用在以下地方：

(1) 当无需报警和背景监视时，使用数字寄存器标签可以减少系统内存要求。

(2) 在一个轮询记录中的多个 I/O 位置进行读/写，只要那些点共用相同的工程单位范围和信号条件。

(3) 控制数字输入过程，如限值开关、报警触点和电机辅助触点。

(4) 控制数字量输出过程，如电机启动机、报警器、喇叭和电磁阀。

在图 4-11 中选择"DR 数字量寄存器"，弹出如图 4-24 所示的"数字量寄存器"对话框。"数字量寄存器"对话框中的选项和数字量输入以及数字量输出的基本一样，这里不再介绍。

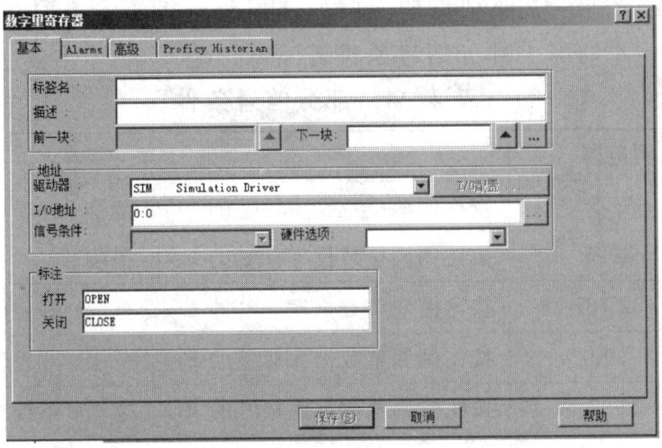

图 4-24　"数字量寄存器"对话框

# 4.3  模拟量数据库标签

## 4.3.1  模拟量输入标签

在每次扫描、报警和控制程序扫描标签时，模拟量输入(AI)标签发送和接收 I/O 驱动程序或 OPC 服务器的模拟数据。模拟量输入块用于把过程数据读到数据库中，比如温度、压力、速率等。一般来说，数据值被限制在高限和低限的范围中。

在图 4 - 11 中选择"AI 模拟量寄存器"，弹出如图 4 - 25 所示的"模拟量输入"对话框。其中"工程单位"包括"低限"、"高限"和"单位"，"低限"定义该标签将显示的最低值，其有效数据用十进制的数字来定义。"高限"定义该标签将显示的最高值，其有效数据用十进制的数字来定义。

**注意：** EGU 限值可以用科学计数法，用该格式可以显示极大或极小的数值，只能精确到 7 位数值。单位是用户定义的字段，用来定义工程单位，其最多有 32 个字符。

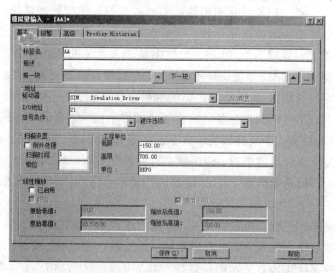

图 4 - 25  "模拟量输入"对话框

"信号条件"用于控制 I/O 驱动器如何调整从设备来的数据，控制设备和 iFIX 之间的比例调整信号，表 4 - 4 列出了部分信号条件。

表 4 - 4  部分信号条件

| 选　项 | 比例范围 | 注　　释 |
| --- | --- | --- |
| 8AL | 0 ~ 255 | 按比例调整数据库标签的 EGU 范围；并检验报警限 |
| 12AL | 0 ~ 4095 | 按比例调整数据库标签的 EGU 范围；并检验报警限 |
| 15AL | 0 ~ 32 767 | 按比例调整数据库标签的 EGU 范围；并检验报警限 |
| 3BCD | 0 ~ 999 | 按比例调整数据库标签的 EGU 范围；并检验报警限，忽略前 4 位 |
| 4BCD | 0~9999 | 按比例调整数据库标签的 EGU 范围；不检验报警限 |
| 8BN | 0~255 | 按比例调整数据库标签的 EGU 范围；不检验报警限 |

续表

| 选　项 | 比例范围 | 注　释 |
|---|---|---|
| 12BN | 0 ～4095 | 按比例调整数据库标签的 EGU 范围；不检验报警限 |
| 15BN | 0 ～32 767 | 按比例调整数据库标签的 EGU 范围；不检验报警限 |
| LIN | 0 ～65 535(无符号) | 按比例调整数据库标签的 EGU 范围 |
| NONE | 无比例调整 | 按比例调整数据库标签的 EGU 范围；不检验报警限 |

　　打开图 4 - 25 的"报警"选项卡，如图 4 - 26 所示。页面设置中的报警类型包括低低、低、高和高高、变化率以及死区。低低和低报警表示当前值必须小于设定值，才产生报警；高和高高报警表示当前值必须大于设定值，才产生报警；变化率(ROC)报警是在 EGU 范围内，两次扫描间的最大的变化量；死区是防止数值在＋/－范围内时，产生更多的报警。死区值对标签中所有报警有效。

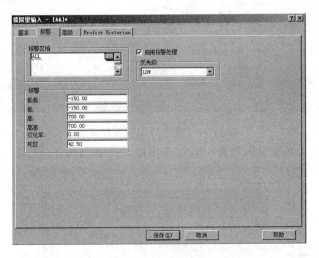

图 4 - 26　"报警"选项卡

　　单击图 4 - 25 的"高级"选项卡，如图 4 - 27 所示。其选项卡中的平滑处理提供一个数据过滤器，减小输入信号的噪声，使变化的信号变得平滑。

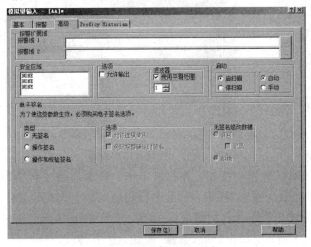

图 4 - 27　"高级"选项卡

"允许输出"表示允许该标签值写回到 DIT 表,可用来对设定点的报警。

模拟量输入标签使用示例步骤如下:

(1) 在数据库管理器中建立一个模拟量输入变量,如图 4-28 所示。同时,在其"高级"选项卡中选中"允许输出"选项。

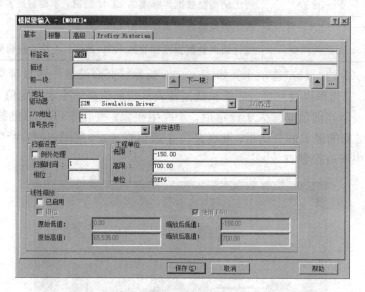

图 4-28　建立的 MONI 模拟量

(2) 在 iFIX 的画面编辑区放置一数据连接戳,并建立其对应的数据连接,如图 4-29 所示。

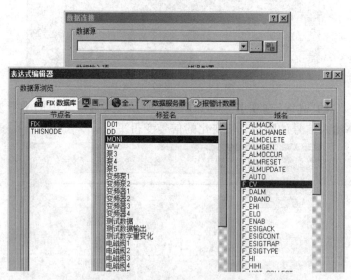

图 4-29　数据连接戳设置

同样,在画面编辑区放置一按钮,并右键单击,修改其属性名字为"输入数据",然后在工具箱中单击"数据输入专家"按钮,对其进行相应的数据连接设置,如图 4-30 所示。

(3) 以上设置完成后,分别进行相应的保存,然后单击"运行"按钮,让画面系统处于运行状态,如图 4-31 所示。单击"输入数据"按钮,弹出"数据输入"对话框,输入相应的数据就会在显示栏显示出来，输入数据时一定要注意后台设置的数据输入范围，不能超越其运行的范围。

图 4 - 30　按钮的数据连接设置

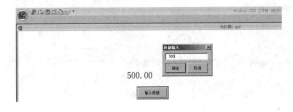

图 4 - 31　模拟量输入块运行结果

## 4.3.2　模拟量输出标签

　　模拟量输出（AO）标签指将数据库中的设定值送到过程硬件。在图 4 - 11 中选择"AO 模拟量寄存器"，弹出如图 4 - 32 所示的"模拟量输出"对话框。

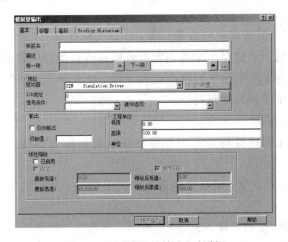

图 4 - 32　"模拟量输出"对话框

在图 4-32 中,"初始值"表示在 iFIX 启动或数据库重新载入时,把该值送到 I/O 设备中,该值必须在操作员和 EGU 限值内。"反向输出"表示在过程控制需要时可选用,指在数据输出之前,当前值取反输出。其他设置和前面介绍的基本一样,这里不再详细介绍。

### 4.3.3　模拟量寄存器标签

模拟量寄存器(AR)标签在过程硬件中读/写模拟量数据。它可使用最少的内存在单个块中实现输入和输出功能,因为 iFIX 只在引用该块的画面打开时才处理该标签。

在图 4-11 中选择"AR 数字量寄存器",弹出如图 4-33 所示的"模拟量寄存器"对话框。"模拟量寄存器"对话框中的选项和模拟量输入标签以及模拟量输出标签的基本一样,这里不再介绍。

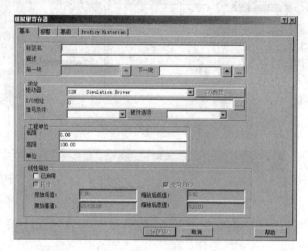

图 4-33　"模拟量寄存器"对话框

# 4.4　二级数据库标签

## 4.4.1　计算标签

计算(CA)标签用于完成简单的数学计算,计算的精度是 6 位数字,第 7 位取整。其可对由上游标签传递的值以及最多 7 个其他常量或标签值执行简单的数学计算。计算标签是二级数据库标签,可接收其他标签的输出值和字段,接收浮点、整数或指数常量,可用于采用基于时间处理或基于例外处理的链。

计算标签可以使用在以下地方:

(1) 通过把一个计算标签与另一个计算标签或扇出标签链接,执行复杂的或多等式计算。

(2) 通过对尺寸进行计算,确认已制造零件的有效性,可以使用此特性对有缺陷的零件计数。

(3) 当大量传感器(模拟量输入标签)监视同一参数时,找到平均读数。

在图 4-11 中选择"CA 计算",弹出如图 4-34 所示的"计算"对话框。

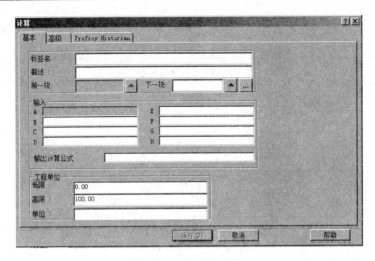

图 4 - 34　计算对话框

在图 4 - 34 中，输入项含义如下：

（1）定义在"输出计算公式"栏中使用的输入。

（2）输入 A 是链中前一标签的当前值，在"输出计算公式"栏不一定使用输入 A。

（3）输入值可以是常量或一个标签名。

输出项含义如下：

（1）可有包含有 8 个变量的表达式。

（2）一定要用字符（A～H）代替相应的输入值，不要使用 A、B 等栏中输入的具体数字，用字母代替编制输出计算公式，比如：（A＋B）。

（3）在"输出计算公式"栏中不能使用常量，应在 7 个输入栏中定义常量。

"下一块"表示输出计算的结果传到下一个标签中。

报警表示计算结果超过或低于相应的限值，是根据计算标签的工程限值确定的。

为了让计算标签正确计算其输出，必须输入一个等式。一般情况下，等式语法是：

输入 运算符 输入

其中，输入是标签的输入之一，运算符是数学符号，按输入的字母在等式中指定输入。例如，如果把 DI1 输入"B"栏，将在等式中把它引用为 B。在等式中可以输入表 4 - 5 中列出的任何运算符。

表 4 - 5　计算标签的运算符

| 语　法 | 操　作 | 优　先　级 |
| --- | --- | --- |
| （　） | 括号 | 1 |
| ABS | 绝对值 | 2 |
| SQRT | 平方根 | 2 |
| EXP | 反对数 | 2 |
| LOG | 自然对数 | 2 |
| LOG10 | 以 10 为底的对数 | 2 |
| INT | 取整，即把浮点值更改为整数 | 2 |
| － | 一元减（示例，－A） | 2 |

| 语　法 | 操　作 | 优　先　级 |
|:---:|:---:|:---:|
| ∧ | 提升到幂，指数 | 3 |
| ＊ | 乘 | 4 |
| / | 除 | 4 |
| ＋ | 加 | 5 |
| － | 减（示例，A－B） | 5 |
| ＜ | 小于 | 6 |
| ＞ | 大于 | 6 |

**注意**：① 计算标签为每个运算符定义优先级顺序，确定了哪个运算符（以及运算符两边的值）应该先被计算。通过用括号括起等式部分，可以更改此顺序。

② 当进行大于或小于比较时，如果语句为真，计算标签把值 1 传递到下一个标签。如果语句为假，标签则传递值 0。

计算标签的一个可能用法是把温度从华氏转为摄氏单位。一旦计算标签从模拟量输入标签收到温度，它将使用以下等式转换该值：$C = (F - 32) * 5/9$。要把此等式指定给计算标签，把每个值指派到标签的输入之一，然后使用输入字母把等式输入标签的"输出计算公式"栏。例如，要代表前面的等式，将输入：

$$((A - B) * (C/D))$$

其中，A 是来自上游模拟量输入块的输入，B 是 32，C 是 5，而 D 是 9。

这里通过一个具体的例子来介绍计算标签的详细使用。比如实现 3 个变量 A、B、C 求平均数，其中 B 和 C 分别是 4 和 5，A 接收从键盘上输入的值。其操作步骤如下：

（1）在数据库管理器中建立一个模拟量输入标签 AA，接收从键盘上输入的数值，建立的模拟量输入块标签如图 4-35 所示。同时在"高级"选项卡中选中"允许输出"选项。

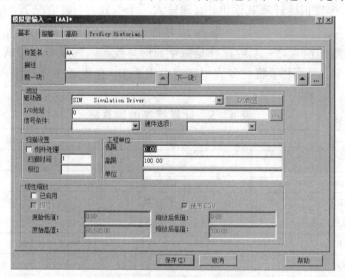

图 4-35　模拟量输入块标签

（2）建立计算标签，有两种方法：双击数据库中刚才建立的数据标签 AA，在弹出的对话框中填写"下一块"，并命名为 JISUAN。如果这个标签事先不存在，会弹出类型选择对话框，选择"高级"标签，如图 4 - 36 所示。

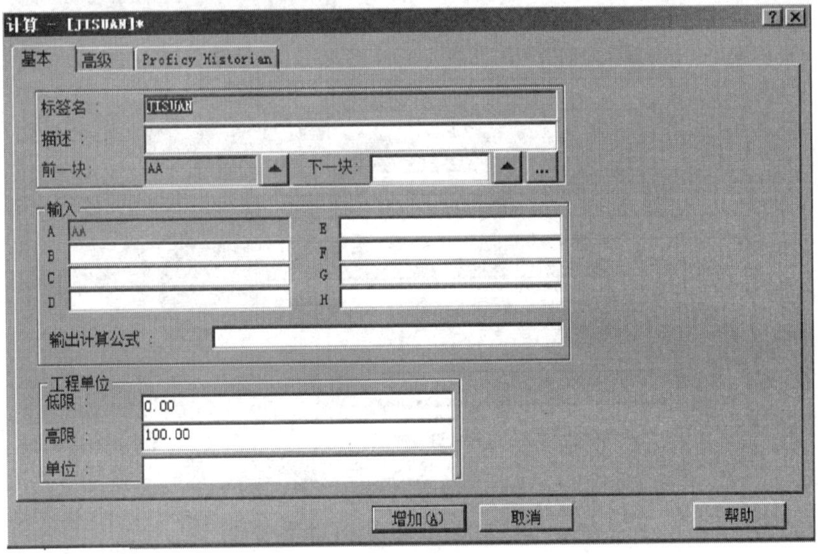

图 4 - 36　计算标签设置

在图 4 - 36 中可以看出，A 的数值已经连接到数据库中刚才建立的模拟量输入标签 AA，这时 A 的数值就是 AA 的数值。这里一定要注意，要使 A 有相应的输入，即有前一个标签的连接，即使 A 中的数值在计算公式中不使用，但计算标签必须和前一个标签进行连接，不然在画面中其对应的数值显示为问号。分别在 B 和 C 中输入相应的数值，在"输出计算公式"中正确书写其表达式，并且其表达式中不允许有数字出现，如果需要常数，可以输入至定义的字母后面的栏中，如图 4 - 37 所示。

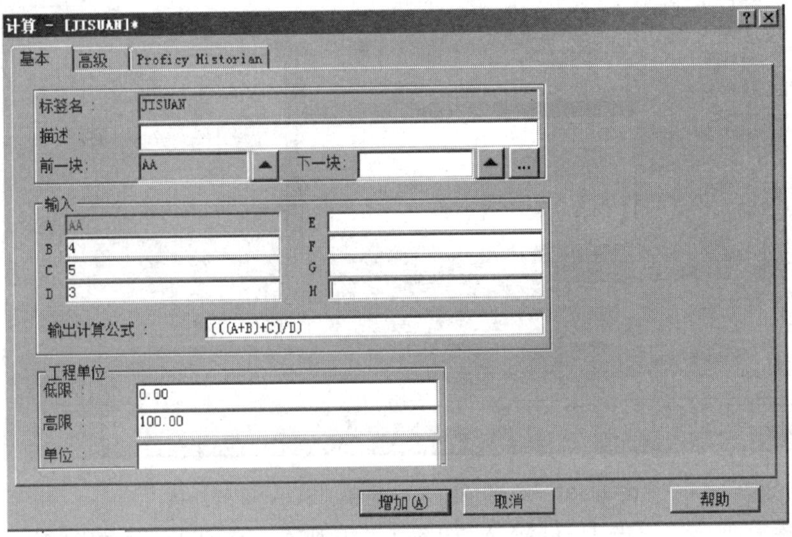

图 4 - 37　计算标签设置

　　另一种建立计算标签连接的方法是：先在数据库管理器中建立一个计算标签并进行相应的设置，比如JISUAN2，如图4-38所示。这里A没有传入数值。

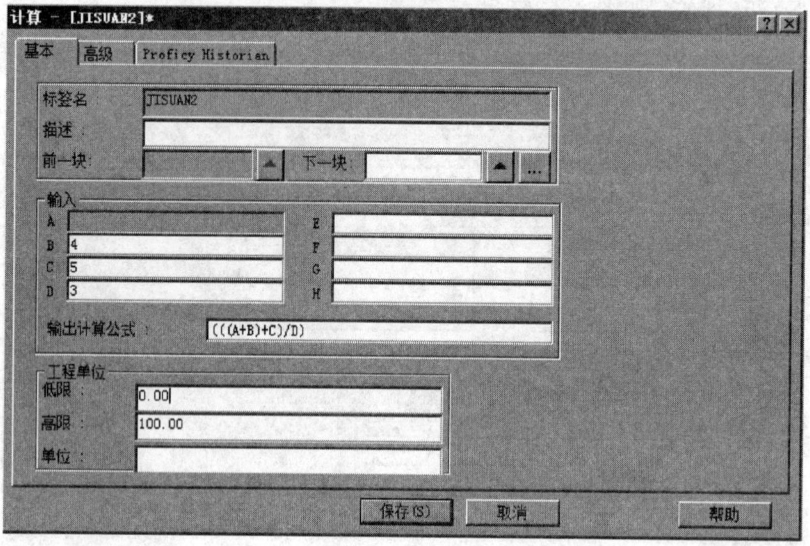

图 4-38　JISUAN2 计算标签的设置

　　回到数据库管理器中，双击AA标签名，弹出如图4-35所示的模拟量输入标签设置对话框，单击"下一块"后面带三个小黑点的按钮，弹出"可用标签列表"，选择JISUAN2，即把AA的数值传递给其设置的下一标签JISUAN2的A中，如图4-39所示。

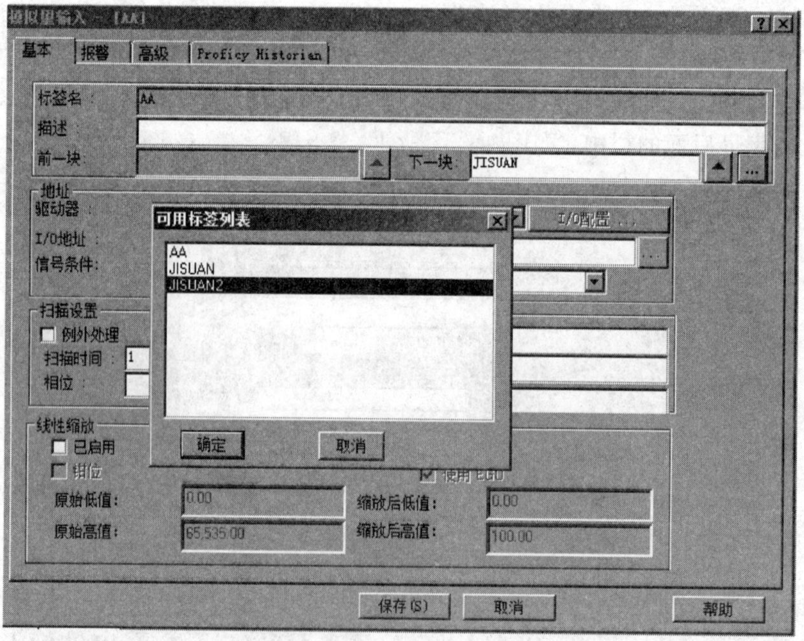

图 4-39　模拟量输入标签和 JISUAN2 的连接

　　在数据库管理器中双击JISUAN2，如图4-40所示，从图4-38和图4-40的设置中也可以看出，A已经和AA模拟量输入标签建立了数值连接。

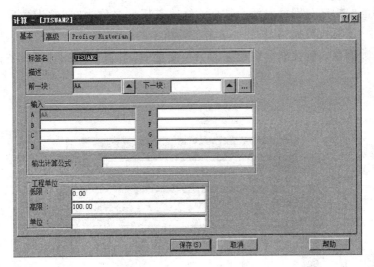

图 4-40  设置好的 JISUAN2 计算标签

建立好的数据库如图 4-41 所示。其实对于 JISUAN 和 JISUAN2，这里只需要一个即可，建立这两个计算标签是为了介绍这两种建立连接计算标签的方法。

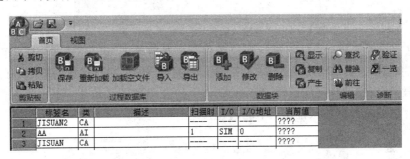

图 4-41  建立好的数据库

（3）在工作台的画面编辑区放置两个数据连接戳，分别建立与数据库管理器中 AA 和 JISUAN 两个标签的数据连接，如图 4-42 和图 4-43 所示。

图 4-42  数据连接戳和 AA 的连接

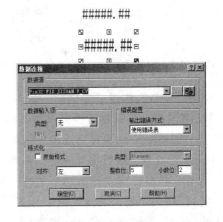

图 4-43  数据连接戳和 JISUAN 的连接

（4）在画面编辑区分别放置两个按钮，修改其属性名称为"请输入数据 A"和"计算平均值"，并选中"请输入数据 A"按钮，单击工具箱中的"数据输入专家"按钮，进行相应的设置，将输入的数值存入到数据库中建立的 AA 变量中，将其传送到计算标签的 A 中，如图 4－44 所示。

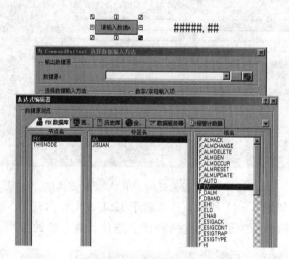

图 4－44　"请输入数据 A"按钮的数据输入专家

（5）以上设置完成后，分别进行相应的保存，然后单击"运行"按钮，让画面系统处于运行状态，如图 4－45 所示。通过单击"请输入数据 A"按钮，弹出"数据输入"对话框，输入相应的数据就会在"计算平均值"栏显示（A＋4＋5）三个数的平均值，不过输入数据时一定要注意后台设置的数据输入范围，不能超越其运行的范围。

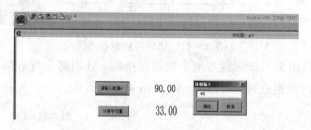

图 4－45　运行结果

## 4.4.2　事件操作标签

事件操作（EV）标签用于测试前一标签的值或报警条件，事件操作标签使用 IF－Then－Else 逻辑测试前一个标签的值或报警条件。根据测试表达式的结果，标签可打开或关闭一个数字点，或使一个标签开始或停止扫描。

事件操作标签是二级数据库标签，采用未定义的默认值，这样如果某一栏为空，则不执行任何操作；最多可连续测试两个条件。用户可以在以下场合使用事件操作标签：

（1）将打开/关闭输出发送到数字标签。

（2）使主标签或链开始或停止扫描。

（3）通过"下一块"栏把值传递给其他标签。

在图 4－11 中选择 EV 计算，弹出如图 4－46 所示的"事件动作"对话框。

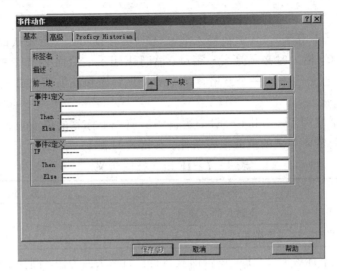

图 4 - 46　"事件动作"对话框

在图 4 - 46 中，IF 语句功能如下：

（1）决定 Then 或 Else 的执行条件。

（2）命令是锁定的（标签记住最近一次操作），如果条件变化，执行新的操作。

（3）有效的表达式：（VALUE 或 ALARM）operand（constant 或 tag）。例如：
VALUE ＞＝ AA1；ALARM ＞ HI。表 4 - 6 列出了报警常量。

### 表 4 - 6　报警常量类型

| 严　重　性 | 报警类型 | 描　　　述 |
| :---: | :---: | :---: |
| 1 | COMM | 通信错误（值为"BAD"） |
| 1 | OCD | 开路检测报警 |
| 1 | IOF | I/O |
| 1 | FLT | 浮点数出错报警 |
| 1 | OVER | 超范围报警 |
| 1 | UNDER | 低范围报警 |
| 1 | ERROR | 统计数据标签报警 |
| 2 | COS | 状态改变报警（数字量标签） |
| 2 | CFN | 从正常到报警（数字量标签） |
| 2 | HIHI | 高高报警 |
| 2 | LOLO | 低低报警 |
| 3 | RATE | 变化率报警 |
| 3 | HI | 高报警 |
| 3 | LO | 低报警 |
| 4 | DEV | 死区报警 |
| 5 | OK | 标签的正常状态 |

其表达式中可用的运算符有＞(大于)、＜＝(小于等于)、＝(等于)、＜(小于)、＞＝(大于等于)、！＝(不等于)。其中在输入表达式时很有技巧,一定要按照下列方法书写,比如 VALUE ＞ 0,输入时必须是大写字母 VALUE 开头,后面必须加一空格,再写表达式运算符,0 前面也必须添加一个空格,即 VALUE 后面和 0 前面都必须加空格,这样才能被系统识别。

事件操作标签使用 IF－Then－Else 逻辑测试前一个标签的值或报警条件。在逻辑的 IF 部分中,可以指定要测试的值或报警条件。其格式如表 4－7 所示。

表 4－7　IF 语句格式含义

| 输　入 | 测试目的 | 示　例 |
|---|---|---|
| VALUE 运算符条件 | 上游块的当前值 | VALUE ＝ 75.4 |
| ALARM 运算符条件 | 上游块的当前报警条件 | ALARM ＝ LOLO |

如果条件为真,标签的 THEN 逻辑即被执行。如果条件为假,则执行标签的 ELSE 逻辑。有效的运算符和条件如表 4－8 所示。

表 4－8　表达式格式含义

| 表 达 式 | 操 作 符 | 条 件 |
|---|---|---|
| 值 | ＞(大于);＜(小于);<br>＞＝(大于等于);<br>＜＝(Less than or equal to);<br>＝(等于);！＝(不等于) | 常量<br>数据源<br>OPEN/CLOSE |
| 报警 | ＞(大于);＜(小于);<br>＞＝(大于等于);<br>＜＝(Less than or equal to);<br>＝(等于);！＝(不等于) | 表 4－6 中任何有效的报警 |

THEN/ELSE 语句功能如下:

(1) THEN:条件成立时执行。

(2) ELSE:条件不成立时执行。

(3) 有效的命令为 RUN、STOP、OPEN、CLOSE,格式为 Command Tagname,例如:RUN AI1;CLOSE DO1。如表 4－9 所示的命令可以和 THEN 或 ELSE 一起使用。

表 4－9　THEN/ELSE 可用命令

| 命　令 | 描　述 |
|---|---|
| RUN | 使标签开始扫描 |
| STOP | 使标签停止扫描 |
| CLOSE | 把数字标签设为 CLOSE。数字量输入和数字报警标签必须处于手动模式 |
| OPEN | 把数字标签设为 OPEN。数字量输入和数字报警标签必须处于手动模式 |

"下一块"表示 EV 是一个"传递"标签,将前一标签的当前值传至下一标签。

事件操作标签可以根据从上游标签收到的模拟值控制数字输出。这里通过一个具体的例子来介绍事件操作标签的详细使用。建立一工程,液位显示值在 0～100 cm 之间,当液位超过 50 cm 时报警指示灯亮,当液位低于 50 cm 时报警指示灯熄灭。其步骤如下:

（1）在数据库管理器中添加如图 4-47 所示的模拟量输入标签，并连接到仿真驱动器的 RA 寄存器中，使其产生 0～100 之间的数值。在"下一块"栏中输入事件操作标签的名称 SHIJIAN，在弹出的对话框中选择 EV，弹出如图 4-48 所示的"事件动作"对话框，在其中进行相应设置。

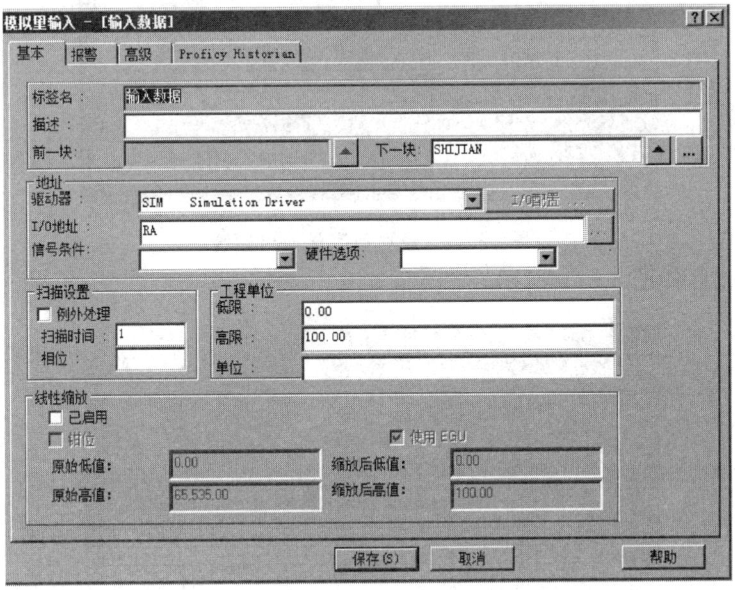

图 4-47 添加模拟量输入标签

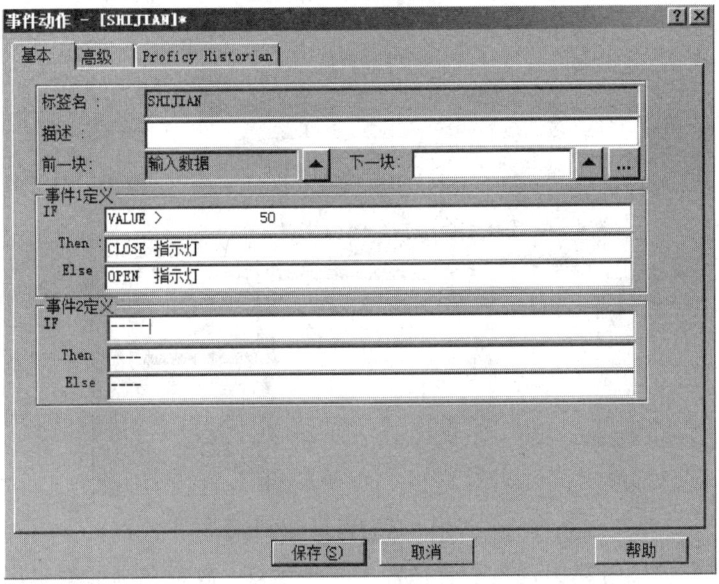

图 4-48 "事件动作"对话框

同时，建立一个数字量输出标签，如图 4-49 所示，其目的是为了后面将其关联到画面中将要放置的指示灯上。

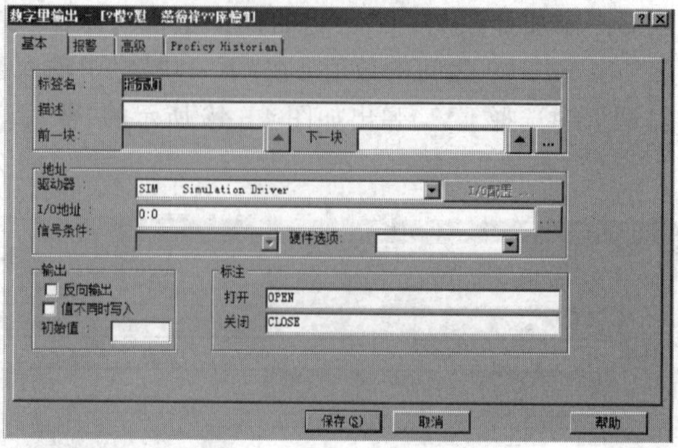

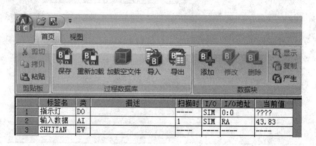

图 4-49　建立数字量输出标签

建立的数据库如图 4-50 所示。

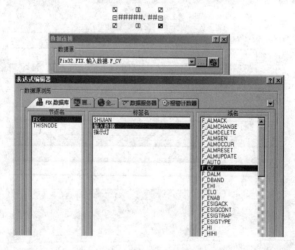

图 4-50　建立好的数据库

（2）在工作台的画面编辑区放置一数据连接戳并进行设置，如图 4-51 所示。

图 4-51　数据连接戳的设置

从系统树左侧的图符集中选择一合适的大号指示灯，放置在画面编辑区并进行相应的数据连接设置，如图 4-52 所示。

在画面中再放置一数据连接戳，建立到指示灯的连接，以便在画面上显示指示灯后台数据的变化，如图 4-53 所示。

（3）在数据库管理器中双击"SHIJIAN"，弹出"事件动作"对话框，在其中进行如图 4-54 所示的设置。

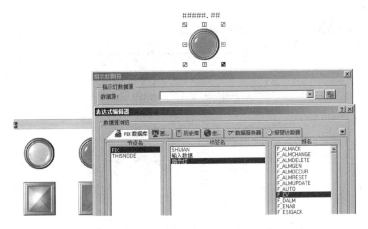

图 4-52 指示灯的数据连接设置

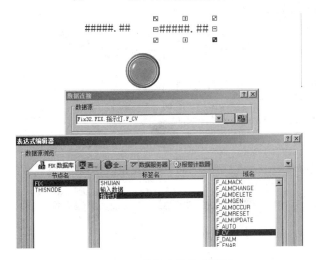

图 4-53 数据连接截的设置

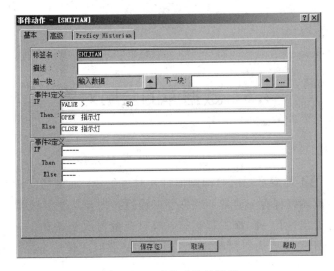

图 4-54 事件动作的设置

（4）在画面中单击工具栏中的"文字"按钮，分别放置 3 个文字对象，并修改名称。同时，进行画面的布局调整，设计好的画面如图 4 - 55 所示。

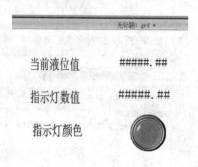

图 4 - 55　设计好的画面

（5）以上设置完成后，分别进行相应的保存，然后单击"运行"按钮，让画面系统处于运行状态，运行结果分别如图 4 - 56 和图 4 - 57 所示。

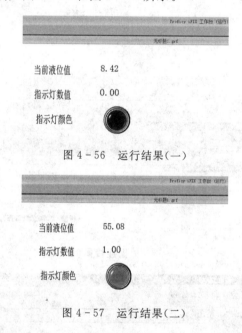

图 4 - 56　运行结果(一)

图 4 - 57　运行结果(二)

# 4.5　数据库的全局对象

## 4.5.1　全局变量

数据库中建立的本地变量只有当前画面打开时才生效，而全局变量是只要建立的工程运行，它们的数据就始终保存。通常，当一个工程运行时，其变量被初始化并保存数值的改变，直到该过程退出；下一次该工程运行，需对变量再次初始化。全局变量在应用启动时被装载并在该应用关闭后仍然保留，建议只有在必要时才使用全局变量，因为会影响系统性能。

在 iFIX 工作台系统树中，有一项称为 Global 的全局变量管理项。默认状态下，Global

文件夹中包含 User，在系统树中，在 User 项上右击鼠标，可以添加 Global。在应用过程中可以访问全局变量，而与图形打开与否无关。用户全局包括变量对象、阈值表、过程（VBA 子程序和函数）和窗体。

添加全局变量有三种方式：右击 User 项并选择"创建变量"命令，如图 4-58 所示；或者从"工具箱"中单击"变量"按钮，可弹出如图 4-59 所示的创建一个变量对象对话框；或从主菜单的"工具"菜单下选择"对象/链接"→"变量"命令，如图 4-60 所示。

图 4-58　"创建变量"的选择菜单

图 4-59　"创建一个变量对象"对话框

图 4-60　"工具"菜单

利用图 4-59 和图 4-60 方式可以创建本地的和全局的变量，本地变量只有当前画面打开时才生效。

全局变量的属性可通过属性窗口或"动画"对话框显示。右键单击建立的变量，选择属性窗口，在其中可以进行相应的属性修改，比如名字，如图 4-61 所示。右键选中全局变量名称，选择"动画"命令，在弹出的"基本动画"对话框中选择"高级动画配置"，如图 4-62 所示，也可进行相关属性的设置。

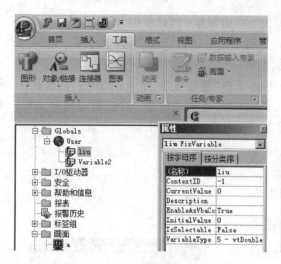

图 4-61　全局变量属性窗口　　　　　　　　图 4-62　全局变量属性窗口

全局变量的值可通过下面表达式获得：User. VariableName. CurrentValue，如图 4-63所示。在"表达式编辑器"中选择"全局"选项卡，单击其下面的 User，即可看到在系统树的 Global 文件夹中建立的全局变量，然后选择相应的对象以及属性即可。

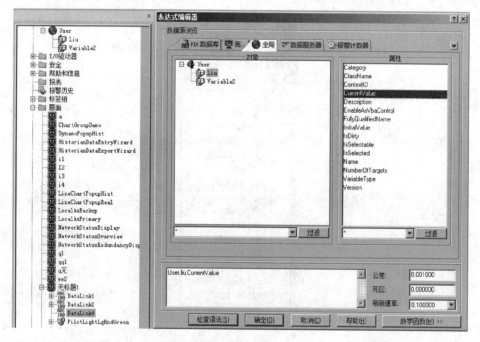

图 4-63　查看全局变量

这里通过一个具体的例子来介绍全局变量的详细使用。其操作步骤如下：

（1）在 iFIX 工作台系统树的左侧建立一个名字为 liu 的全局变量，并单击右键，选择"动画"命令，在弹出的"基本动画"对话框中选择"高级动画配置"，进行如图 4-64 所示的设置。并在下面的 InitialValue 中设置一个初始值，比如 LOVE YOU。这样运行的时候就显示初始设置的值。

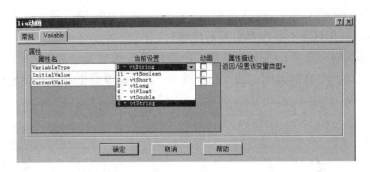

图 4-64　全局变量高级动画配置

（2）在画面中放置一数据连接戳并进行数据源的连接，如图 4-65 所示。在"数据连接"对话框右下角输入字符行数为 20，不然只显示默认的 8 个字符。这个根据用户输入字符的最大长度进行修改。

图 4-65　数据连接戳的设置

（3）以上设置完成后，分别进行相应的保存，然后单击"运行"按钮，让画面系统处于运行状态，如图 4-66 所示。

图 4-66　运行结果

（4）用户也可以在画面上放置一按钮，单击输入要显示的字符。具体操作如下：在画面编辑区放置一按钮，并单击右键，修改其属性，命名为"请输入字符"。单击右键，在弹出菜单中选择"编辑脚本",弹出 VBA 编辑区,在其中输入相应的代码,如图 4-67 所示。输入相应对象的时候其对应的属性都会显示出来。

(5) 在画面编辑区放置一数据连接戳,并进行相应的数据连接,同时放置一文本进行相应的说明,设计调整好的画面如图 4-68 所示,同时修改数据连接对话框中的"字符/行"为 20。

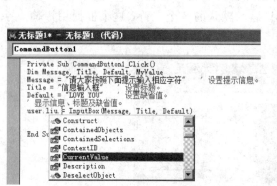

图 4-67　按钮的 VBA 代码　　　　　　　　　图 4-68　画面编辑

(6) 以上设置完成后,分别进行相应的保存,然后单击"运行"按钮,让画面系统处于运行状态,运行结果如图 4-69 和图 4-70 所示。

图 4-69　初始运行结果

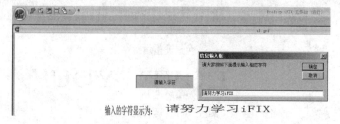

图 4-70　单击按钮输入字符运行结果

## 4.5.2　全局阈值表

全局阈值表也称为查找表，常用于创建反复使用、有共性的表。其可用于颜色阈值和字符串值或范围。比如开关量的红、绿颜色；不同温度范围的颜色；不同的数字范围转换成字符串。

创建全局阈值表方法：右击"Globals"内的"User"并选择"创建阈值表"，如图 4 - 71 所示。右击阈值表并选择"属性窗口"可为阈值表命名，改变其中"名称"属性的设置即可。

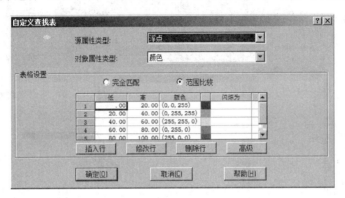

图 4 - 71　阈值表的创建

全局阈值表的值可通过下面表达式获得：User. TableName，不需要特殊的属性。阈值表的其他属性可通过属性窗口或"动画"对话框显示。选择"共享查找表"，使用全局阈值表。

这里通过一个具体的例子来介绍全局阈值表的详细使用。其操作步骤如下：

（1）建立如图 4 - 71 所示的全局颜色阈值，并命名为颜色阈值。

（2）在数据库管理器中建立一个模拟量输入标签，如图 4 - 72 所示，并选中其"高级"选项中的"允许输出"选项。

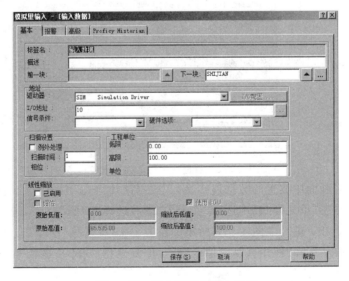

图 4 - 72　建立模拟量输入标签

（3）在画面编辑区分别放置一按钮和一数据连接戳，并分别和数据库中的模拟量输入标签建立相应的连接，如图4－73和图4－74所示。

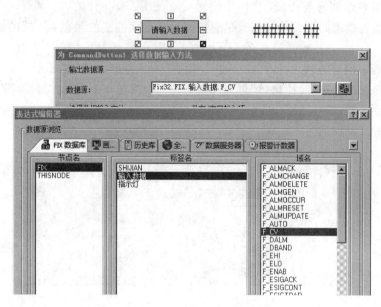

图4－73　按钮的数据输入专家设置

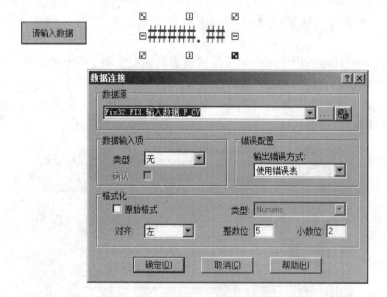

图4－74　数据连接戳的连接设置

（4）右键单击画面中放置的数据连接戳，先在"背景样式"中选择"不透明"，不然背景颜色不会显示；再在"填充样式"中选择"实心"；最后选择"动画"命令，在"基本动画"对话框中选择"背景"选项，进行如图4－75所示的设置。在"数据源"一项中，填入数据库标签；选择"当前值"选项；选择"使用共享阈值表"所示的复选框。在"共享表"名称框内填入全局阈值表的名称。

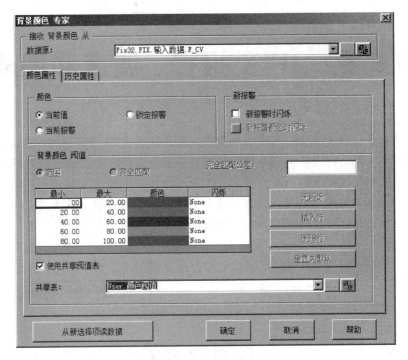

图 4-75　背景颜色专家设置

（5）以上设置完成后，分别进行相应的保存，然后单击"运行"按钮，让画面系统处于运行状态。输入不同的数值，其背景颜色就会根据图 4-71 中预先设置好的颜色阈值表，显示相应的背景颜色，如图 4-76 所示。

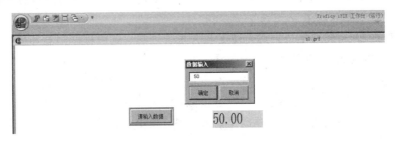

图 4-76　运行结果

# 第 5 章　iFIX 报警、调度和图表

在 iFIX 对现场的监控过程中，过程条件会不断变化，操作员需要监控这些条件来确保现场完全运转，并且避免浪费原料或损坏设备。通过启用 iFIX 报警系统，能够安全高效地进行现场管理。一旦允许报警，iFIX 将发送报警信息，来报告需要做出应答的潜在有害过程条件。这通常会在过程值超出其预定义的界限时发生，例如储罐的液位过高，就是一个操作员必须作出回应的报警条件。iFIX 还可以发送信息以报告不需要响应的非严重信息。例如，当罐的输入阀打开或关闭时，iFIX 会发送消息通知操作员阀门的状态已更改。使用报警和消息，能够创建一个可靠的、灵活的、容易使用的、能够报告潜在问题和系统活动的系统。通过操作员对报警做出响应，可以确保过程在安全、高效的方式下运行。

本章主要介绍 iFIX 组态软件与报警、调度以及报表相关的内容，通过这部分的介绍，将学会使用 iFIX 报警以及掌握如何使用调度和制作报表。

## 5.1　iFIX 报警

### 5.1.1　报警和消息

报警指的是标签的状态，表示标签值已超过预先设定的报警限值或范围，报警状态需要用户确认后方可消除。

消息指的是 iFIX 提示信息，其类型主要有系统消息、应用程序消息和事件消息。

(1) 系统消息包括启动消息、系统错误消息、I/O 驱动消息、运行消息。

(2) 应用程序消息包括操作员消息、配方消息、程序块消息、脚本消息。

(3) 事件消息即数据标签消息，与报警相似，但无需用户确认。其可用于下列标签：数字量输入标签、数字量输出标签、模拟量输入标签、模拟量输出标签、数字寄存器标签、模拟量寄存器标签、文本标签。

### 5.1.2　报警条件和限值

**1. 模拟量报警条件和限值**

为了使 iFIX 能够确定一个模拟量过程值是否处于报警状态，必须输入预定义的数值，称为报警限值。如果数据块超出了其中的一个限值，iFIX 就会生成一个报警，如图 5-1 所示。

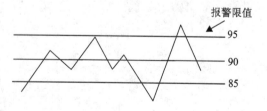

图 5-1　模拟量报警条件和限值

**2. 数字量报警条件和限值**

对于数字量标签来说，可以指定一个报警条件，而不是报警限值。一个报警条件表示希望一个数字量标签何时生成一个报警。例如，如果创建了一个标签来监控处于"ON"状态的马达，可以配置这个标签在当马达状态改变

或切换为"OFF"时生成一个报警。

## 5.1.3　配置报警

想让 iFIX 启用报警要先进行报警配置。iFIX 提供了 16 个默认的报警区域,其名称从 A 到 P;也可以给默认区域重新命名或通过单击 SCU 工具箱上"配置"下的"报警区域数据库"按钮,来创建一个新的报警区域。如图 5-2 所示。输入的报警区域名称必须是唯一的,并且不超过 30 个字符。为了输入或编辑报警区域名称,iFIX 必须处于运行状态。此外,iFIX 仅能够编辑来自 SCADA 服务器的报警区域数据库。

**注意**:报警区域名称不能含有" * "、"?"或"\"等字符。

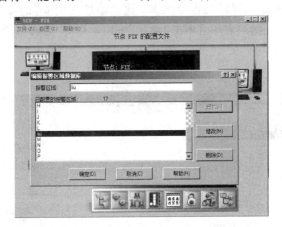

图 5-2　编辑报警区域数据库

一旦创建了报警区域,就可以通过为模拟量标签输入报警限或为数字量标签输入报警条件来配置过程数据库。

### 1. 模拟量标签的报警限

表 5-1 总结了模拟量标签可利用的报警限。

表 5-1　常见模拟量标签的报警限

| 报警限 | 含　义 |
|---|---|
| 高 | 高过程值,标签值必须超出此值才生成报警 |
| 高高 | 极高过程值,标签值必须超出此值才生成报警 |
| 低 | 低过程值,标签值必须低于此值才生成报警 |
| 低低 | 极低过程值,标签值必须低于此值才生成报警 |
| 变化率 | 变化过快的过程值,如果过程值的波动高于在单一扫描周期内的变化率的限值,则标签生成报警 |
| 死区 | 来自优化值变化的过程值,死区报警要求定义一个目标值和范围。如果过程值超出此范围,将生成一个死区报警。例如,如果优化值是 100 并且范围(死区)是 ±5,则过程值能够在 95～105 的范围内变化而不生成报警 |

### 2. 数字量标签的报警条件

因为数字量标签只有两个可能的值(0 或 1),所以数字量标签有不同的报警设置。表 5-2 总结了数字量标签可利用的报警条件。

表 5－2　数字量标签的公共报警条件

| 报警条件 | 当……时生成报警 |
|---|---|
| 从常开改变 | 数字量标签的值从 1 变为 0 |
| 从常关改变 | 数字量标签的值从 0 变为 1 |
| 状态改变 | 数字量标签的值按照任一方向改变 |

下面通过一个例子来详细的说明报警的配置和运行。

（1）在工作台开发的主界面上单击"应用程序"下面的 SCU，即可打开"SCU"对话框。再单击"配置"菜单中的"报警区域数据库"按钮，即可显示"编辑报警区域数据库"对话框，如图 5－3 所示。在此可以配置新的报警区域，比如添加一个 liu 的报警区域，单击"增加"，新的报警区域 liu 被加入到列表中。单击"确定"按钮，关闭"编辑报警区域数据库"对话框，返回到"SCU"对话框。单击 SCU"文件"菜单中的"保存"和"退出"按钮，即建立了一个新的报警区域。

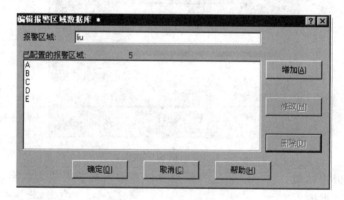

图 5－3　配置报警区域

（2）在数据库中，建立如图 5－4 所示的模拟量，输入标签变量并进行相应的报警设置，如图 5－5 所示。

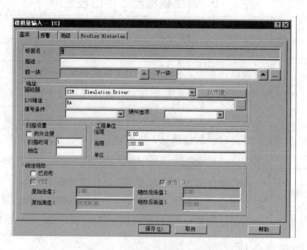

图 5－4　建立模拟量输入标签

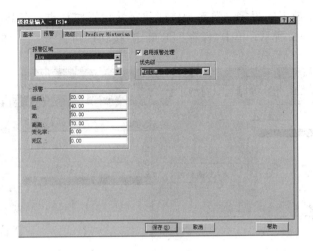

图 5-5　模拟量输入标签的报警设置

（3）在 iFIX 工作台画面中放置一个数据连接的戳，连接到第（2）步在数据库中建立的 S 变量，如图 5-6 所示。

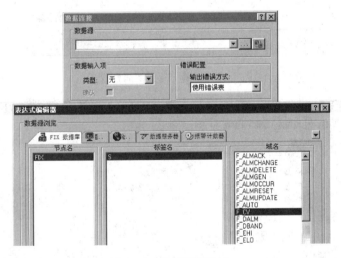

图 5-6　数据连接设置

（4）在 iFIX 开发界面的"插入"菜单的"对象/链接"下面选择"报警一览"，将其放到画面中合适的位置，如图 5-7 所示。

图 5-7　报警一览对象

（5）双击画面中放置的报警一览对象，打开属性设置对话框，在其中可进行相应的设置，如图5-8、图5-9所示。单击"保存"和"确定"按钮即可。

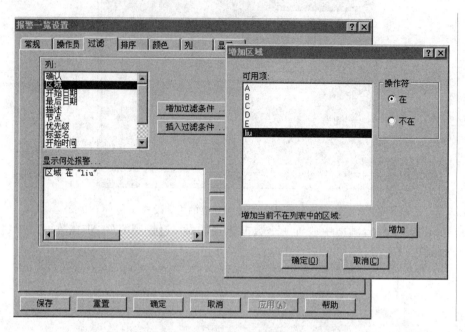

图5-8 报警一览过滤属性设置

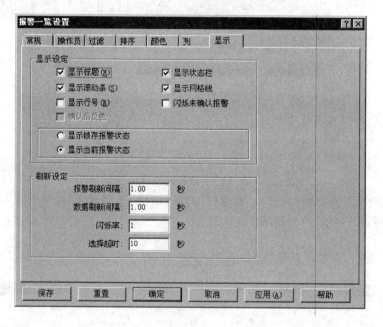

图5-9 报警一览显示属性设置

**注意**：选中"显示当前报警状态"选项，不然报警栏目只显示运行时锁存的报警状态，默认就是显示锁存报警状态。

（6）所有设置完成后单击"保存"按钮，其运行效果如图5-10所示。

13.33

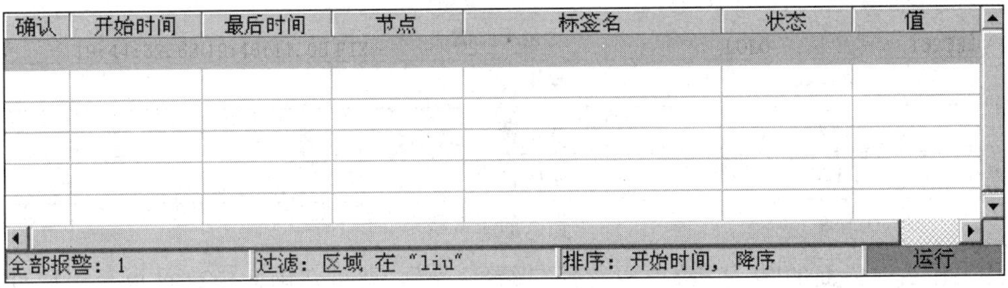

| 确认 | 开始时间 | 最后时间 | 节点 | 标签名 | 状态 | 值 |
|---|---|---|---|---|---|---|
| | | | | | | |
| | | | | | | |
| | | | | | | |
| | | | | | | |
| | | | | | | |

| 全部报警：1 | 过滤：区域 在 "liu" | 排序：开始时间，降序 | 运行 |

图 5-10　运行效果

### 5.1.4　报警运行

为操作人员提供视觉信号是开发一个好的人机界面的关键。提供报警信号的方法是：建立基于报警的动态对象；为画面添加一个报警一览对象，以便让操作员选择、确认和删除多个报警，排序和过滤报警，以及允许、禁止和静音报警声音。也可以为报警的状态和优先级进行颜色编码，以便为操作员提供不同颜色的报警信号。

**1. 报警一览对象**

报警一览对象包含了显示报警一览对象状态的文本和颜色指示器。默认颜色：绿色为运行，黄色为暂停，红色为新报警。这个指示器位于报警一览对象状态栏右端。用户可以通过用户接口的颜色属性页，将指示器配置为闪烁，以及可以改变颜色及闪烁状态。

在默认情况下，报警一览对象显示未确认和已确认的标签报警。当某个标签报警已经被确认且标签的值恢复正常，那么报警一览服务会自动删除这个报警。确认列总是固定在最左边，这使得操作员即使用滚动条移到最右边的列时，也总是能看到其确认状态。表 5-3 给出了报警状态含义描述。

**表 5-3　报警状态含义描述**

| 报警状态 | 含 义 描 述 |
|---|---|
| COMM | 通信错误（值为"BAD"） |
| OCD | 开路检测报警 |
| IOF | I/O |
| FLT | 浮点数出错报警 |
| OVER | 超范围报警 |
| UNDER | 低范围报警 |
| ERROR | 统计数据块报警 |
| COS | 状态改变报警（数字量块） |
| CFN | 从正常到报警（数字量块） |

| 报警状态 | 含 义 描 述 |
| --- | --- |
| HIHI | 高高报警 |
| LOLO | 低低报警 |
| RATE | 变化率报警 |
| HI | 高报警 |
| LO | 低报警 |
| DEV | 死区报警 |
| OK | 标签的正常状态 |

在工作台主界面的"插入"菜单中选择"报警一览"，即可在画面中放置报警一览对象，如图 5-11 所示。

**注意**：在画面中添加报警一览对象之前，请确认在 SCU 中是否允许了报警一览服务。

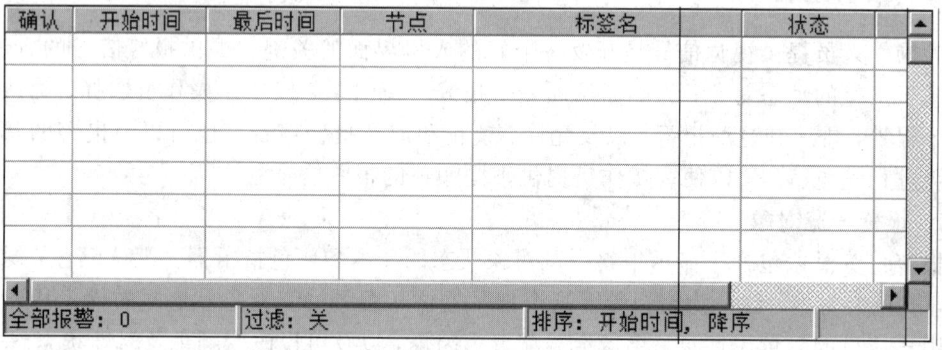

| 确认 | 开始时间 | 最后时间 | 节点 | 标签名 | 状态 |
| --- | --- | --- | --- | --- | --- |
| | | | | | |
| | | | | | |
| | | | | | |
| | | | | | |
| | | | | | |
| | | | | | |
| 全部报警：0 | | 过滤：关 | | 排序：开始时间，降序 | |

图 5-11　报警一览对象

放置好报警一览对象之后就可以对其进行属性设置了。双击画面中放置的报警一览对象，打开属性窗口，如图 5-12 所示。

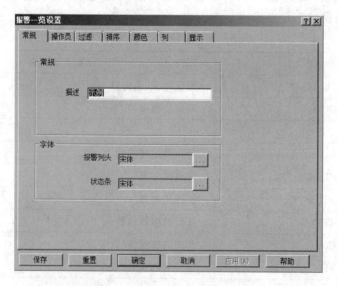

图 5-12　报警一览对象属性设置

　　"操作员"选项卡主要完成允许报警确认、允许报警删除、允许运行时配置（过滤、排序）、允许列快速排序、显示鼠标右键菜单的设置。

　　报警一览对象提供的最为强大的特性就是能够过滤报警。通过过滤报警，系统能够将报警发送到指定的报警一览对象，排除低优先级或无关紧要的报警，将操作员的注意力集中在最重要的报警上。

　　要过滤报警，必须创建一个过滤条件。此条件定义要显示的报警。在创建条件之后，报警一览对象将显示与选择标准相匹配的报警。

　　通过从对象的电子表格中选择希望依据其过滤的列、数值和关系或比较运算符，能够创建一个过滤条件。操作符类型取决于被选择的列。表 5 - 4 列出了可以选择的关系和比较运算符。

表 5 - 4　关系和比较运算符

| 关系运算符 | 比较运算符 |
| --- | --- |
| 等于 | 包含 |
| 不等于 | 不包含 |
| 大于 | 仅包含 |
| 小于 | 在内 |
| 大于等于 | 不在内 |
| 小于等于 | In, $<=$ |

　　例如，假设想要显示所有高优先级报警，即要显示所有带 HIGH 报警优先级的报警。操作步骤如下：显示过滤标签并选择优先级列；选择等于关系运算符；选择高值。选择完成后，报警一览对象将下面的条件添加到过滤器标签底部：

$$Priority = "HIGH"$$

　　可以将多个过滤条件组合在一起。当创建条件时，报警一览对象在新的过滤条件之前自动放置布尔运算符 AND，并将新的条件添加到现有条件上去。如果想改变布尔运算符，可以使用 OR 或 NOT 运算符替换它。

　　**注意：**报警汇总对象支持最多 9 条过滤条件。

　　报警一览对象的另一个强大特性是对对象中出现的报警进行排序。用户可以根据表 5 - 5 所示的特性以增序或降序进行报警排序。

表 5 - 5　排序属性含义表

| 属　性 | 含　义 |
| --- | --- |
| 开始时间 | 报警首次发生的时间 |
| 块类型 | 标签类型。例如：AI、AO、DI、DO |
| 标签 | 标签的名称 |
| 优先级 | 报警优先级，如在过程数据库中为每个标签定义的优先级（低、中、高） |
| 节点 | 最初发出报警的节点名。通过节点排序是基于在 SCU 中的网络列表中节点出现的顺序 |
| 确认/时间 | 确认并按照起始时间。当报警以降序排列，未确认报警出现在确认报警之前 |
| 确认/优先级 | 确认并按照优先级。当报警以降序排列，未确认报警出现在确认报警之前 |

使用报警一览对象，可以创建一个自定义的报警颜色方案，向操作员提供视觉信号。前景色定义了报警文本以及报警类型和状态改变的颜色。例如，可以指定高报警为黑色文本，指定高高报警为黄色文本，或者可以把所有未确认的报警配置为红色显示，所有已被确认的报警配置为黑色显示。

背景色定义了报警文本显示的背景颜色，并表示报警的优先级。例如，低优先级的报警可以用白色背景，中优先级的报警可以使用灰色背景，高优先级的报警可以使用蓝色背景。结合前景色和背景色，就可以产生非常好的视觉效果。例如，蓝色背景上的黄色文本可以非常容易地表示出高优先级的高高报警。

在报警一览对象中也有配置报警文本字体的选项。默认的字体是 Arial，字体大小为15 号。单击每个报警的字体按钮，可以选择文本的字体和显示风格。使用对象的属性窗口可改变字号的大小。

报警一览对象以电子表格的形式出现。用户可以通过允许或禁止其显示和列属性来改变电子表格的外观。显示属性显示或隐藏对象的列表头、状态栏、行号、滚动条和边框。显示属性允许配置列，使其在显示未确认报警时闪烁。

**2. 报警确认**

在运行时，画面中产生视觉信号，这些信号将在报警一览对象或数据连接中以颜色或闪烁的文本样式出现，或者由报警触发动画对象。用户可以配置基于报警的视觉信号保留在屏幕上，直到操作员对报警做出确认并且标签的值返回正常为止。

iFIX 将维持锁存的和当前的报警。当前报警是一个标签的当前报警状态，锁存报警是一个标签的未被确认的最严重报警。如果一个标签生成一个高高报警，那么锁存和当前报警将是一样的，都为高高。如果标签接着生成一个高报警，则当前报警变为高报警，但是锁存报警仍然是高高报警。

数据连接、动画对象和报警一览对象对报警确认的处理方式是不同的。例如，一个数据连接显示当前报警，直到发生一个新的报警或者标签的值返回正常为止。同样地，数据连接显示锁存报警，直到操作员对报警做出确认为止。然后，数据连接显示下一个未被确认的最严重报警。

另一方面，报警一览对象中的报警对锁存报警立即做出响应。未被确认的最严重报警将出现在对象的表格中。当操作员确认报警，下一个最严重报警出现，文本将停止闪烁，并且文本返回到其最初的颜色。然后，报警一览对象等待标签的值返回正常，服务器将自动删除报警。

如果系统规定了某种确认报警的方法，则操作人员只能以这种方式确认报警。报警一览对象允许操作人员双击一个报警，以确认该报警。

**3. 报警计数器**

报警计数器用来确定 SCADA 服务器或某个报警区上总的报警状态。报警计数器表明节点中有多少标签报警，这些报警有多少处于 CRITICAL、HIHI、HIGH、MEDIUM、LOW、LOLO 和 INFO 优先级，有多少已确认或未被确认。

报警计数器不能跨越节点。如果希望查看整个系统的报警状态，则可以使用 VBA 脚本或数学表达式来合并来自两个或更多节点的报警计数器，还能够访问本地或远程的报警计数器，也可以使用报警计数器来设置过程图形的颜色，进行提示报警。例如，当在指定的报警区中存在未被确认的报警时，可以配置对象显示特定的前景色。

添加报警计数器的方法如下：在图 5-10 的运行结果中添加一个对象，显示本节点所有未确认的报警。

从工具箱中单击"数据连接戳"按钮，弹出"数据连接"对话框，单击"浏览"按钮，打开"表达式编辑器"对话框，如图 5-13 所示。打开"报警计数器"选项卡即可选择相应的连接。

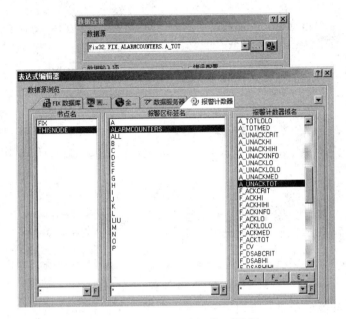

图 5-13　"表达式编辑器"对话框

# 5.2　iFIX　调　度

调度在 iFIX 中常用来触发动作，这些动作都是 VBA 脚本，可以触发的操作有基于特定的时间（基于时间）和基于数值或表达式（基于事件）两种方式。

iFIX 调度执行模式可以分为前台执行和后台执行。通常在开发阶段或初次投入运行时建议采用前台执行模式，因为排错比较方便。当执行一段时间确定程序稳定后，建议改为后台执行模式，避免调度造成 Workspace.exe 进程负担增加，切换画面也会更加顺畅，而且程序进程分开，就不会因为调度错误导致 Workspace 出错。

## 5.2.1　基于时间调度

基于时间调度的触发类型有以下几种：

（1）一次。在用户定义的时间执行一次。

（2）连续。在用户定义的间隔内重复执行。

（3）每日。在每天的开始时间执行。选择"启用结束时间/间隔"选项，进行连续触发。

（4）每月。在每月的某几天的开始时间执行，包含月结束选项，选择"启用结束时间/间隔"选项，进行连续触发。

下面通过一个例子来说明基于时间调度的使用。

基于时间调度来实现画面上的指示灯以 1 s 的频率闪烁。其操作步骤如下：

（1）首先在数据库管理器建立一个要与指示灯关联的数字量标签，如图 5-14 所示。同时一定要在其"高级"选项卡中勾选"启用输出"选项，不然不能往这个数字量标签里面写入修改数值。

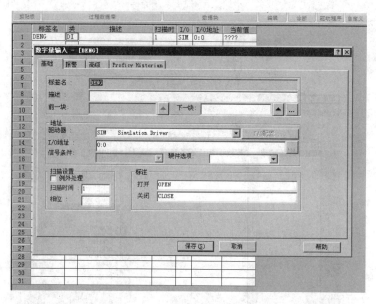

图 5-14　建立数字量标签

（2）在开发环境中新建一画面，在画面中放置一个数据连接戳以便显示当前值，并进行相应的数据关联，如图 5-15 所示。

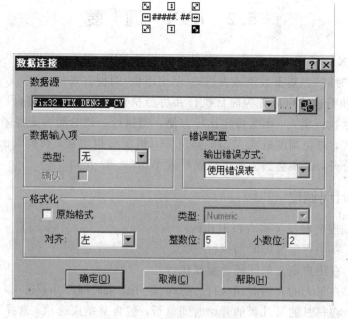

图 5-15　数据连接戳设置

（3）在 iFIX 树状工作台左侧"图符集"的"大号指示灯"中选择一指示灯放置到画面中的合适位置，并进行相应的数据连接设置，如图 5-16 所示。

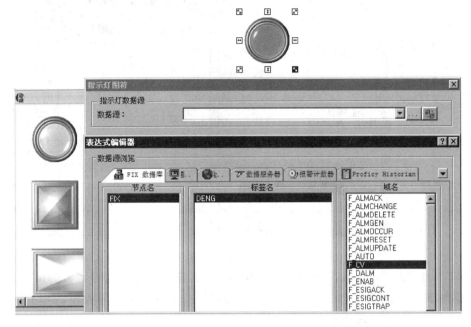

图 5-16　指示灯数据连接

（4）在工作区窗口单击左上角的图标，如图 5-17 所示，在其"新建"菜单中单击"调度"，或者单击"首页"下面的"调度"快捷图标，或者在工作区域左侧管理树中右击"调度"，新建一调度。新建的调度默认是基于时间的，根据"开始时间"来执行操作，可以是一次性执行或者连续执行。

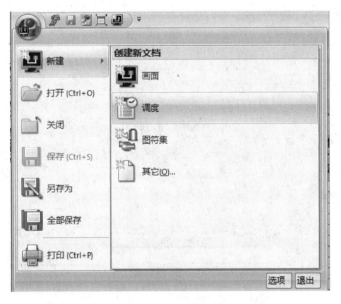

图 5-17　新建调度菜单

图 5 - 18    新建调度

对于所建立的调度，在左侧的管理树中右击，并选择"关闭"命令，如图 5 - 18 所示，回到画面编辑的状态下，才可以继续进行相应的打开、更名、删除等操作，同时还可以在文件属性中对其相应的属性进行一些设置。

（5）在图 5 - 18 中，双击名称下面的任意空白处，即可弹出如图 5 - 19 所示的对话框。选择相应的选项即可完成高度的设置。

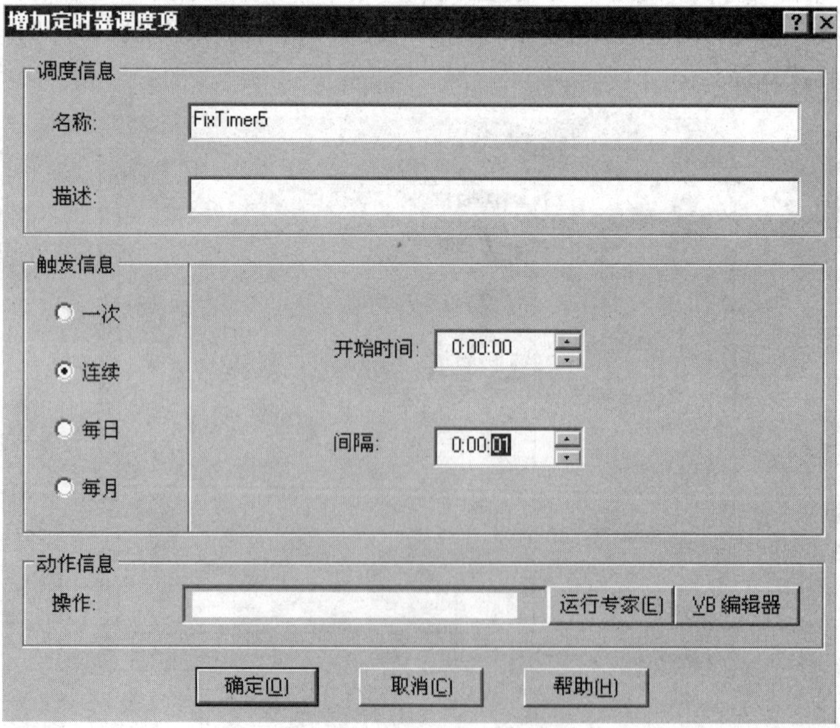

图 5 - 19    调度的设置

（6）在图 5-19 中设置"触发信息"为连续，间隔时间为 1 s。同时单击"操作"右侧的"运行专家"选项，在"选择要附加的动作"下拉列表中选择"切换数字量标签"，单击"确定"按钮即可，如图 5-20 所示。

图 5-20　调度动作设置（一）

可以从列表中选择动作信息，也可以单击"运行专家"按钮，或者通过单击"VB 编辑器"按钮进入 VB 中编辑用户程序。

（7）在弹出的"切换数字量点专家"。对话框中，将数据库中的"DENG"标签的当前值进行相关联即可，如图 5-21 所示。设置好的调度如图 5-22 所示。分别进行相应的命名并保存。

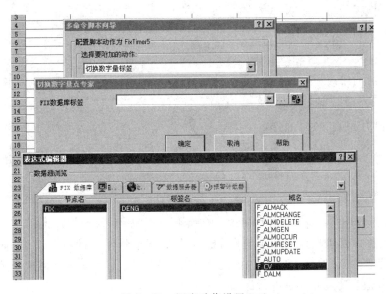

图 5-21　调度动作设置（二）

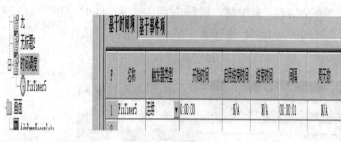

图 5-22　设置好的调度

（8）设置并保存完成后，返回到开发画面中，按下"Ctrl＋W"键即可进入运行状态，可以看到画面所关联的指示灯一亮一灭交替闪烁。

## 5.2.2　基于事件调度

基于事件调度是在表达式满足条件时去执行相应的操作。用户可以基于以下动作，但并不限于此：数据的变化；表达式的值（真/假）；操作员的动作（击键）。

下面通过一个例子来说明基于事件调度的使用。

基于事件调度来实现当从键盘上输入的模拟值不为零时，画面上的指示灯以 1 s 的频率闪烁。其具体的设计步骤如下：

（1）打开数据库管理器，在其中新建标签 AI001，并在其"高级"选项卡中勾选"允许输出"选项，不然不能往这个模拟量标签里面写入数值。如图 5-23 所示，设置完成后进行保存。

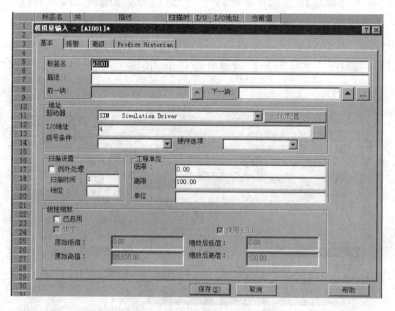

图 5-23　建立模拟量输入标签

（2）在数据库管理器建立一个与指示灯关联的数字量输入标签 DI001，如图 5-24 所示。同时一定要在其"高级"选项卡中勾选"启用输出"选项，不然不能往这个数字量标签里面写入修改数值，设置完成后进行保存。

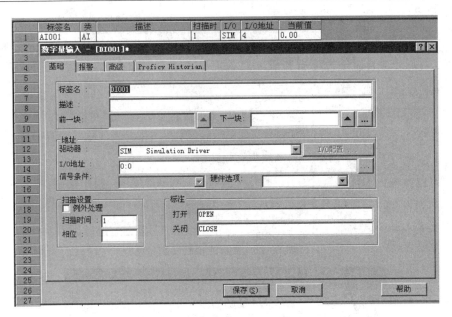

图 5-24　建立数字量输入标签

（3）在工作台左侧"图符集"的"大号指示灯"中选择一指示灯放置到画面中的合适位置，并进行相应的数据连接设置，如图 5-25 所示。

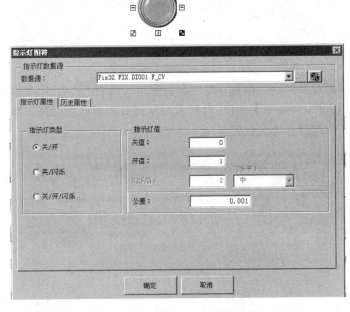

图 5-25　设计画面并进行数据连接

（4）单击工具箱中"数据连接戳"图标，并进行相应的设置，如图 5-26 所示，在画面中合适的地方放置数据连接戳，同时选中放置的数据连接戳，再单击工具箱中的"数据输入专家"按钮，在弹出的对话框中进行相应的设置，如图 5-27 所示。以便通过键盘输入相关的数据存放到 AI001 中。

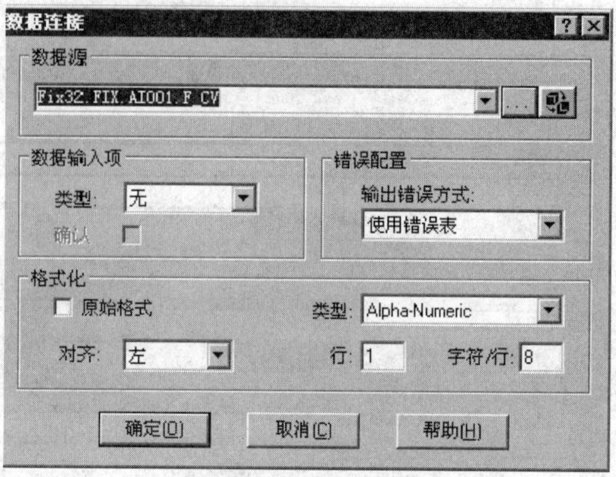

图 5 - 26　数据连接截设置

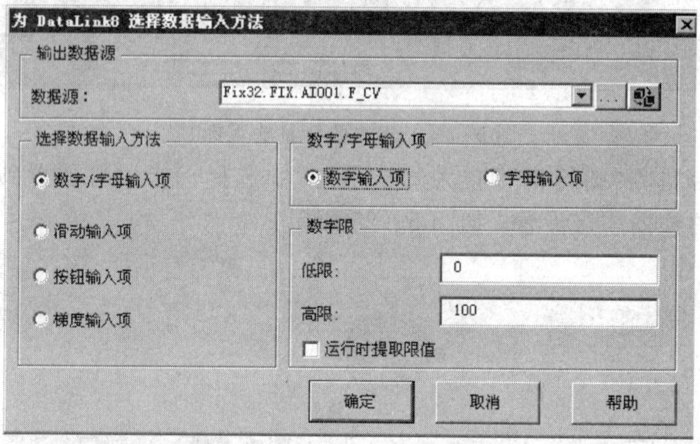

图 5 - 27　数据输入专家设置

（5）右击工作区左侧"调度"图标，在弹出的菜单中选择"新建"命令，新建调度并命名为"事件调度"，单击打开"基于事件项"选项卡，并双击下面的单元格，弹出如图 5 - 28 所示的对话框，在其中进行相应的设置。

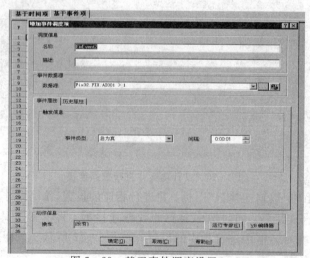

图 5 - 28　基于事件调度设置(一)

　　在上述设置界面中，基于事件的动作即表示在数据源中的表达式满足条件时执行相应的动作，数据源中可以是数据的变化、表达式的值(真/假)、操作员的动作(按键)，事件类型可以选择为数据变化时、为真时、为假时、总为真时(设置时间间隔，进行连续触发)、总为假时(设置时间间隔，进行连续触发)。

　　(6)单击"运行专家"按钮，按图 5-29 所示进行相应的设置，选择要附加的动作为"切换数字量标签"，在弹出的选择框中选择 DI001 标签即可。

图 5-29　基于事件调度设置(二)

　　(7)设置完成后，返回到画面中，在画面中添加相应的文字，并布局合理后保存，按下"Ctrl+W"键进入运行状态，单击模拟量输入不同的数值，当输入的数值不为零时，画面上的指示灯闪烁，如图 5-30 所示。

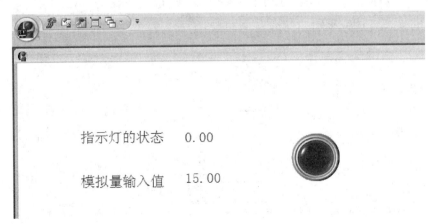

图 5-30　运行结果

### 5.2.3 调度配置

调度可以以前台或者后台方式运行，后台执行方式不需要 iFIX 工作台处于运行模式，但前台运行方式必须在 iFIX 处于运行模式下才可执行。进行调度配置的目的是让调度运行于后台，单独执行。其具体设置步骤如下：

（1）在调度编辑窗口的左侧管理树中选中需要后台运行的调度并右击，如图 5-31 所示，在弹出的菜单中选择"调度程序属性"，弹出如图 5-32 所示的"调度程序属性"对话框。在对话框中选择"后台运行"选项，并单击"确定"按钮进行保存，并在随后弹出的对话框中单击"是"按钮。

图 5-31　调度程序属性打开菜单

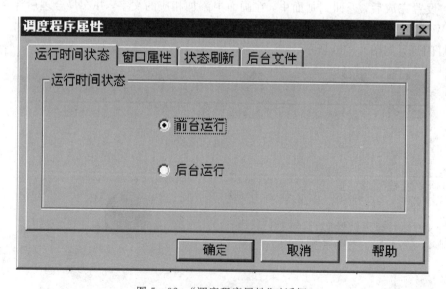

图 5-32　"调度程序属性"对话框

（2）从工作主菜单选择"首页"→"设置"→"用户首选项"命令，在弹出的对话框中选择"后台启动"，如图 5-33 所示，在启动窗口中添加调度。

图 5-33　用户首选项对话框

（3）启动 iFIX 后台服务。启动 SCU 配置窗口，在"配置"菜单下选择"任务"命令，弹出任务配置对话框，在弹出的对话框中选择后台启动的文件，并选中"后台方式"，单击"添加"即可。如图 5-34 所示。单击"保存"按钮并退出。

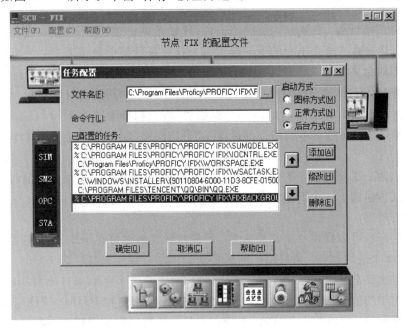

图 5-34　iFIX 后台服务启动

（4）重启 iFIX 后会发现，iFIX Background Server 在后台运行，即使在 iFIX 工作台中关闭调度画面，调度也仍然有效。如图 5-35 所示，其调度的状态为激活。

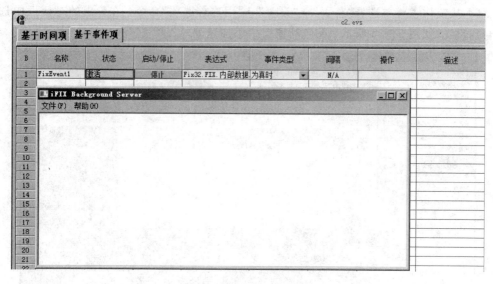

图 5-35　调度后台运行

# 5.3　iFIX 实时数据趋势

iFIX 图表可以用来显示 3 种类型的数据：

(1) 实时数据：数据标签当前值。

(2) 历史数据：在历史数据采集中采集的历史数据。

(3) T_Data：趋势标签中记录的缓冲区数据。

在许多应用项目中，只观察标签的当前值（比如数据链接）是不够的，往往是把当前值与之前几秒、几分钟甚至几小时的值一起观察。这就是所谓的数据趋势，可以通过扩展趋势标签和图标对象来实现。

扩展趋势（ETR）标签最多可从上游标签采集 600 个值，用图表对象显示。通过使用该标签，一个标签中可显示长达 10 min 的数据趋势（假设扫描时间为 1 s），无需链接多个趋势标签。此外，还可通过将不同的扫描速度与"平均压缩"配合使用以存储数小时甚至数天的实时数据。

链中的上游一级块确定了扩展趋势标签的扫描时间。在该块收到一个值时，它存储数据并立即将其传递到下一个下游标签。用户可通过使用 Proficy iFIX 工作台中的图表显示该标签采集的数据。

过程数据库也可以提供一个趋势标签。但是该标签最多可显示 80 个值的趋势。如果需要显示超过 80 个值的趋势，请使用扩展趋势块。

扩展趋势标签是二级标签，按先入先出（FIFO）原则最多存储来自上游块的 600 个值，计算数据组的平均值（可选）并存储用于显示趋势的平均值。在 Proficy iFIX 工作台中，通过一个图表显示值，可以使用 T_DATA 字段，与简单数据库访问程序一起使用数据。

通过使用扩展趋势标签，可以在一段时间内对值进行趋势化。例如，假设要使用图 5-36 所示的配置跟踪烘箱温度的一小时趋势。通过创建从烘箱温度接收值的模拟量输入标签和跟踪此数据趋势的扩展趋势标签，可以实现此目的。务必把扩展趋势标签的名称输入模拟量输入块的下一个字段来连接这两个标签以确保扩展趋势标签从上游的模拟量输入块接收数据。

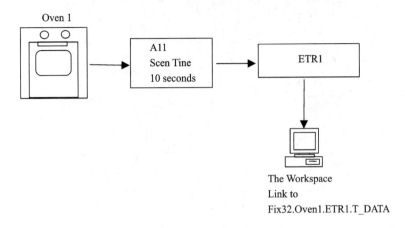

图 5 - 36　扩展趋势块数据流程

一旦完成配置过程数据库，就可以为扩展趋势标签的 T_DATA 字段创建图表。

下面通过一个简单的例子来说明扩展趋势标签的详细使用方法。

（1）在 iFIX 的数据库管理器中建立一个模拟量输入标签，如图 5 - 37 所示，并在其"下一块"输入"KUOZHAN"作为扩展趋势标签的名称，在弹出的"选择数据块类型"对话框中选择"扩展趋势块"，弹出"扩展趋势块"对话框，如图 5 - 38 所示。

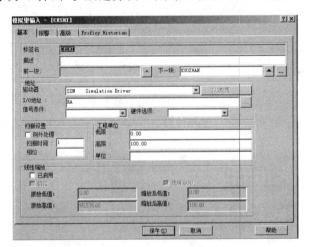

图 5 - 37　模拟量输入标签设置

图 5 - 38 中的"启动时清除缓存区"含义如下：

① 如果启用，则链从停止扫描返回扫描状态后，将清除存储的数值。

② 如果禁止，当停止扫描后将保存数值。

图 5 - 38 中的"输入标签"含义如下：

① 使 ETR 能够存储 PDB 中任意标签的数据。

② 一般情况下，该字段为空白，该字段为空白时，ETR 使用前一个标签的数据。

图 5 - 38 中的"平均压缩"含义如下：

① 计算之前采集的数据的平均数。

② 平均数值将存储在缓存中。

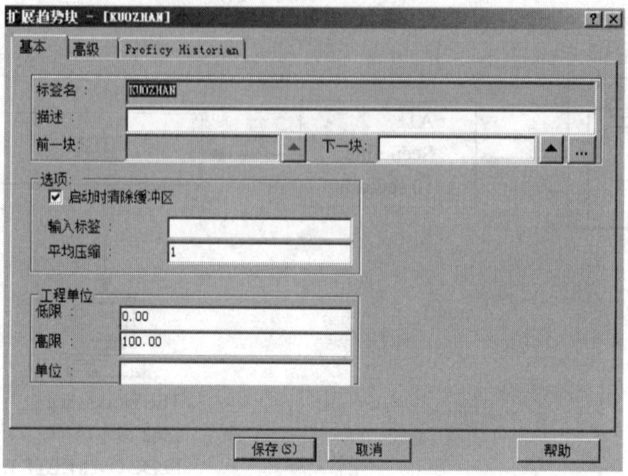

图 5 - 38　"扩展趋势块"对话框

建立好的数据库如图 5 - 39 所示。

| | 标签名 | 类 | 描述 | 扫描时 | I/O | I/O地址 | 当前值 |
|---|---|---|---|---|---|---|---|
| 1 | CESHI | AI | | 1 | SIM | RA | 84.83 |
| 2 | KUOZHAN | ETR | | ----- | ----- | ----- | 84.83 |

图 5 - 39　建立好的数据库

（2）在 iFIX 画面编辑区放置一数据连接戳，并进行相应的设置，如图 5 - 40 所示。

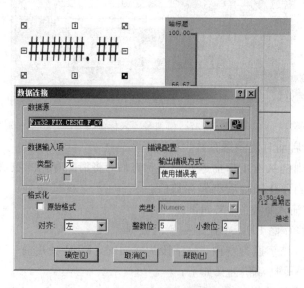

图 5 - 40　数据连接戳设置

（3）从工具箱中拖放一标准图表到 iFIX 画面编辑区，双击进行相应的数据连接，如图 5-41 所示。

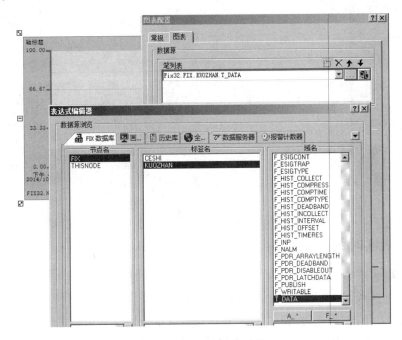

图 5-41　图表数据连接

（4）所有设计完成后，保存并运行，其结果如图 5-42 所示，可以显示当前值的一个变化曲线。

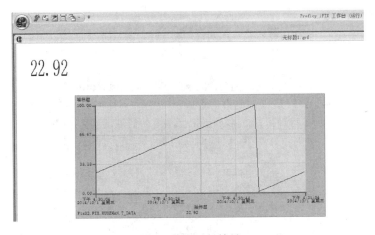

图 5-42　运行结果

# 5.4　iFIX　图　表

图表用来显示实时和历史数据，从"插入"菜单中选择"标准图"，则在画面中添加一个图表对象，如图 5-43 所示。双击图表则可以定义图表的相关属性。

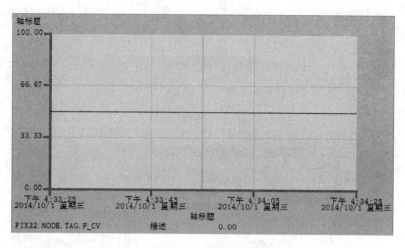

图 5 - 43　图表对象

## 5.4.1　图表实时数据显示

实时数据的趋势可以借助于图表来显示。要显示实时数据，使用标准的 iFIX 数据源在"图表配置"对话框的"笔"列表显示，如图 5 - 44 所示。数据源格式为：FIX32. NODE. TAG. FIELD。单击"浏览"按钮，显示"表达式编辑器"，在其中可以进行相应的选择。一旦定义了数据源，该数据源自动指定一个实时数据模式。任何数字型数值都可作为数据源，当使用扩展趋势块时(ETR)：F_CV 为当前值，T_DATA 才显示缓冲区中的趋势数据。

在"图表配置"对话框中可以设置许多属性，包括笔类型、时间范围、X 和 Y 轴以及网格类型和图例。

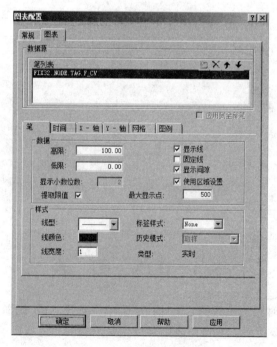

图 5 - 44　图表属性设置

笔类型：定义线型、线颜色和标注类型。

时间范围：为所有笔指定一个全局时间周期，或者为每一个笔分别选择一个时间周期。

X 和 Y 轴设置：在图表中指定用户的 X 和 Y 轴。

网格类型：控制水平和垂直方向的网格。

"常规"选项卡如图 5-45 所示。各选项含义如下：

名称：可在 VBA 脚本中使用。

滚动方向：左右滚动，可以跟随历史数据或理想曲线得到实时数据。

缩放：水平、垂直、水平和垂直。

刷新速率：重新显示图表的速度。

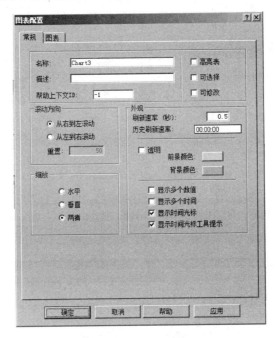

图 5-45　"常规"选项卡

在运行方式下的图表含义如下：

(1) 高亮表：允许图表在运行方式下高亮显示。

(2) 可选择：允许图表在运行方式下被选中。例如：在运行方式下缩放图表或拖动时间光标轴。

(3) 可修改：允许图表在运行方式下被修改。例如：在运行方式下使用设置对话框修改图表属性。

## 5.4.2　图表历史数据显示

实时数据库的实时数据都是保存在内存中，实时数据库只能显示当前数据，一旦关闭，数据就丢失。而实际需求中有时需要能显示过去指定范围时间内的数据，并且需要数据能长久保存。

历史数据趋势可以由数据库拷贝并保存以供查阅，实现历史数据趋势显示功能的步骤：选择数据（HTA），启动（或者停止）数据采集（HTC），用图表对象查阅数据。

　　但是从 iFIX 5.5 版本开始，历史库应用（HTC. EXE 和 HTA. EXE）不会默认进行安装，根据不同的操作系统，历史库的安装与设置也有所不同。对于 iFIX5.5 版本和 32 位的操作系统，安装和设置历史库的步骤如下：

　　（1）首先完成 iFIX 5.5 版本软件的安装。

　　（2）浏览安装光盘，找到 Proficy 文件夹下的 Legacy 文件夹。

　　（3）安装 iFIX 55_Pulse_FD_NLS. exe 补丁（这步操作将历史库安装到 32 位操作系统中，安装前必须关掉正在运行的 iFIX 5.5 软件）。

　　（4）在 iFIX 5.5 安装路径下找到 LOCAL 文件夹 FixUserPreferences. ini 文件，并用记事本打开，如图 5-46 所示。

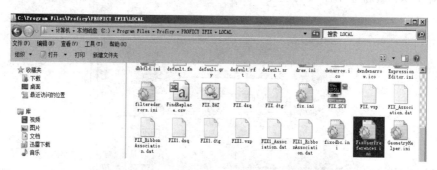

图 5-46　打开 FixUserPreferences. ini 文件的路径

　　（5）在如图 5-47 所示的 FixUserPreferences. ini 文件中，找到"[Historian]CurrentHistorian＝iHistorian"，将其修改为"CurrentHistorian＝Classic"。修改完毕后，单击"保存"按钮退出即可。

图 5-47　FixUserPreferences. ini 文件

（6）安装修改完毕后重新启动 iFIX 5.5，启动后的工作台如图 5-48 所示。

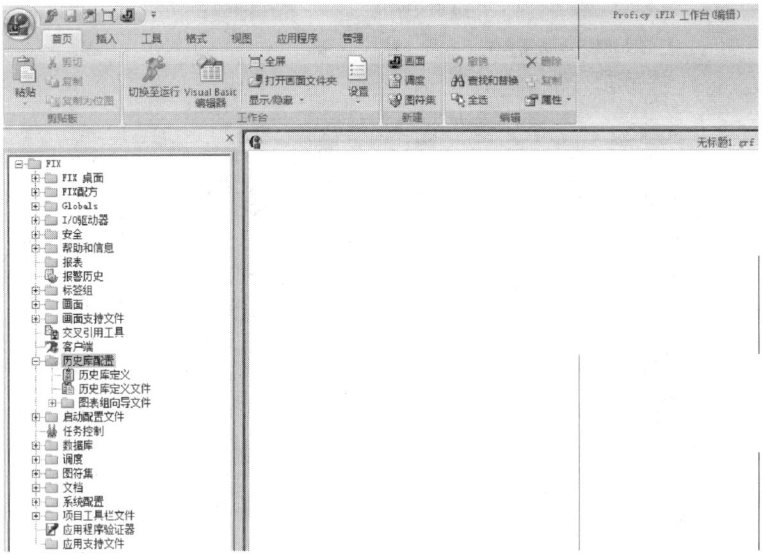

图 5-48　配置好历史库的工作台

## 5.4.3　历史文件存储

采集的历史数据存储在 SCU 预先设定的历史数据目录内，在此目录下，为每个在"历史数据定义"中定义的节点创建一个子目录。"历史数据定义"在历史数据的路径下为每个采集组创建一个文件，系统默认路径为 C:\DYNAMICS\HTR\HTRGRP01.DAT。

历史数据采集文件位于历史数据路径下，使用系统默认路径：C:\DYNAMICS\HTR-DATA\Nodename\YYMMDDHH.H04。

使用文件服务器存储历史数据，需要作一些调整。所有运行 HTC 的节点应设置不同的节点名，是为了防止 HTC 覆盖另一节点的数据文件。为了实现历史数据在图表中的显示，必须为每一个节点定义其存取数据的服务器目录路径，这应在 SCU 中进行设置。在文件服务器上实现存取是可选项，并不是历史趋势显示功能所必需的。

## 5.4.4　历史数据定义

在系统树左侧双击"历史库定义"，弹出如图 5-49 所示的"历史定义"对话框。其主要用于定义数据归档策略。

在图 5-49 中，应定义下列内容：

（1）需要采集的标签名和域。

（2）定义指定标签的采集速率。

（3）为触发事件驱动采集定义一个数字量标签。

（4）历史数据文件的采集时间（以小时为单位）。

（5）历史数据文件在硬盘上保存的天数。

其最多可以定义 256 个采集组，在每个组中可以有至多 80 个标签。

图 5－49　"历史定义"对话框

在图 5－49 中，数据文件的采集时间说明如下：

（1）用户可以定义保存 4 小时、8 小时或 24 小时的历史趋势数据文件。

（2）数据文件在午夜以及午夜后的递增时间段开始记录数据。

8 小时文件：在午夜、上午 8 点和下午 4 点开始。

4 小时文件：在午夜、上午 4 点、上午 8 点、正午、下午 4 点和下午 8 点开始。

在图 5－49 中，自动删除说明如下：

（1）用户可以选择"自动删除旧的数据文件"选项。

（2）如果选择了这个选项，则需输入文件的保存天数，可在 2～200 天范围内选择。

在图 5－49 中，双击任一空白处，或者单击"历史组"菜单的相关选项，弹出如图 5－50 所示的"组 1 配置"对话框。

在图 5－50 中，各个选项说明如下：

节点：SCADA 节点名，采集组中的所有标签都来自该节点。

周期：本组中标签的采集周期。

相位：采集数据的时间偏差。

限定标签：某个数字量的标签名，该标签定义什么时候为本组采集数据。当此标签值为 1 时，开始进行数据采集，此项是可选项。

标签名：输入用户欲采集的标签，格式为 Tag:Field，只能采集浮点数（F_ *）。

限值：可修改的死区限值。仅当此采集数值比前次记录数值的变化值超过这个限值（工程单位形式）时，系统才将此数值记录到趋势

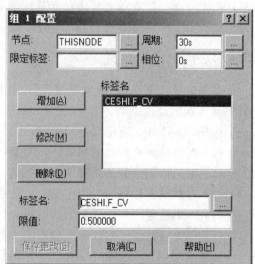

图 5－50　"组 1 配置"对话框

数据文件内，这样做可以节省硬盘空间。

## 5.4.5　历史数据采集

历史数据采集用于采集在"历史数据定义"中指定的数据。

1) 开始采集

用户在"任务控制"窗口中操作；也可在 SCU 中将"历史数据采集"加入到"任务列表"中，即在"任务列表"中加入 HTC.EXE，一般设置该任务为后台任务。历史数据采集状态窗口将显示数据采集超时的次数，如图 5-51 所示。

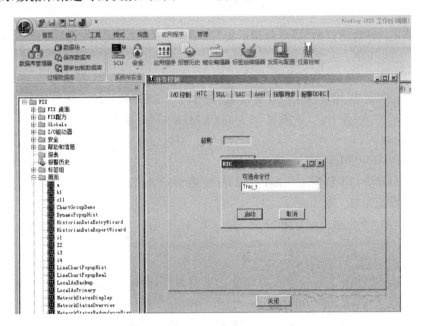

图 5-51　历史数据采集窗口

在图 5-51 中单击"启动"按钮会弹出"HTC"对话框，将提示用户输入可选的命令行参数，这些参数可以用于监视 HTC 应用，有三个可用的参数（当然也可以不输入保持这个字段为空）：

(1) /T。

① 当使用该参数时，HTC 出错时向指定标签发送"1"。

② 在图 5-51 中，标签 htc_t 是一个数字量输出标签。

(2) /A。

① 当使用该参数时，HTC 运行时每隔 60 s 向指定标签发送"1"。

② 可用/D 参数修改默认的 60 s 间隔。

(3) /D。

① 该参数必须与/A 参数同时使用，如图 5-52 所示。

② /D 参数后的数值表示向/A 标签发送数值后的延时时间(s)。

③ 最小为 15 s，任何小于 15 s 都被忽略，并假定为 15 s。

④ 图 5-52 中，标签 htc_a 将每隔 20 s 获得一个新值。

**注意**：不能同时使用 /A 和/T 参数，如果同时使用，/T 将覆盖/A 参数。

图 5-52　HTC 命令举例

2）停止采集

在"任务控制"对话框的"历史数据采集"选项卡中单击"停止"按钮，所有组的采集都将停止；或者关闭 iFIX，历史数据采集也将会自动停止。

iFIX 的历史采集可能会因为某些原因停止运行。这时候，就需要知道 iFIX 历史采集的运行状态。修改"应用程序"→"任务配置"的 HTC.EXE 参数的具体步骤如下：

（1）当 HTC 在运行时，这隔每 15 s 向"TAGNAME"标签写"1"，即在 HTC.EXE 的启动命令行中输入：

　　　/ATAGNAME /D15

// 将 TAGNAME 替换成实际使用的标签名称；/A 和 TAGNAME 之间没有空格，/D 和 15 之间没有空格。

（2）当 HTC 停止运行时，向"TAGNAME"标签写"1"，即在 HTC.EXE 的启动命令行中输入：

　　　HTC.EXE /TTAGNAME

// 将 TAGNAME 替换成实际使用的标签名称；/T 和 TAGNAME 之间没有空格。

# 5.5　iFIX　报　表

## 5.5.1　报表介绍

报表是显示过程数据的重要工具，iFIX 可以使用任何支持 ODBC（Open Database Connectivity）查询功能的第三方软件来制作报表，例如 Microsoft Excel、Microsoft Access 和 Seagate Crystal Reports。利用这些工具，便可以制作基于 iFIX 实时数据和历史数据的报表。利用 iFIX 实时数据生成的报表来自于 iFIX 数据库的当前值，而利用历史数据创建报表时，生成的报表则来自于某个时期采集的数据。一旦生成报表，可利用报表工具显示、打印报表，也可将报表显示在 iFIX 工作台中。

报表是 iFIX 过程数据库中变量数据的汇总。用 iFIX 制作报表的步骤：创建报表，决定报表输出/显示格式，生成报表。开放式数据库互连技术规范是由 Microsoft 制定的，它提供了一个访问、显示及修改关系数据库（RDB）数据的标准方法。未出现 ODBC 之前，各软件都需要编写专用程序来与某个特定的关系数据库通信。采用 ODBC 数据库技术，多个应用程序可以使用相同的 ODBC 驱动程序，单个 ODBC 驱动程序可以访问多个（同类型的）数据库，Windows NT ODBC 驱动管理器可以处理多个请求。ODBC 能连接位于本地节点或网络中任意节点上的某个数据库。无论数据库在本地或是远程，应用程序数据请求接口均使用同样的 ODBC 格式与 ODBC 驱动程序通信。

iFIX ODBC 驱动程序包含两个数据驱动程序：FIX Dynamics Real Time Driver（实时数据），FIX Dynamics Historical Driver（历史数据）。iFIX 作为 ODBC 数据源提供数据给其他程序，ODBC 是数据源和报表生成软件之间的桥梁，在其他软件中使用 ODBC 数据源来显示 iFIX 数据，比如 Crystal Reports（水晶报表）从几个不同的数据源获取数据；Excel 图表/图形显示；在 Access 中链接 iFIX 表；任何一种具有 ODBC 接口能力的软件都可以访问数据库。

许多 iFIX 用户利用 Seagate Crystal Reports 的强大功能，创建报表，因此 Crystal Reports v8.0 运行版也一同包含在 iFIX 安装光盘中。其中，DLL 文件使用户能够直接在系统中运行 Crystal Reports，而不需要将每一次开发版都复制到每个节点。

## 5.5.2　使用 Excel 创建报表

用 Excel 创建报表包括在单元格中引用 iFIX 数据和在 Excel 中配置数据。

### 1. 单元格中引用 iFIX 数据

Excel 把 iFIX 数据当作"外部数据"。在 Excel 中，选择"数据"→"导入外部数据→新建数据库查询"，利用该工具，Excel 从 ODBC 数据源获取数据，如图 5-53、图 5-54 所示。

图 5-53　"新建数据库查询"操作菜单

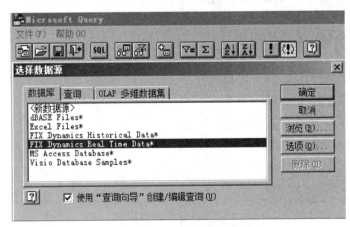

图 5-54　"选择数据源"对话框

选择 FIX Dynamics Historical Data(历史数据)或者 FIX Dynamics Real Time data(实时数据)，Excel 将查询数据源并显示相应的数据项，如图 5-55 所示。

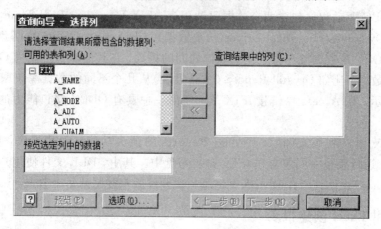

图 5-55　选择实时数据查询

选择需要显示的数据域，如图 5-56 所示，并选择过滤选项和排序选项，Excel 将会以电子表的形式显示查询结果，如图 5-57 所示。

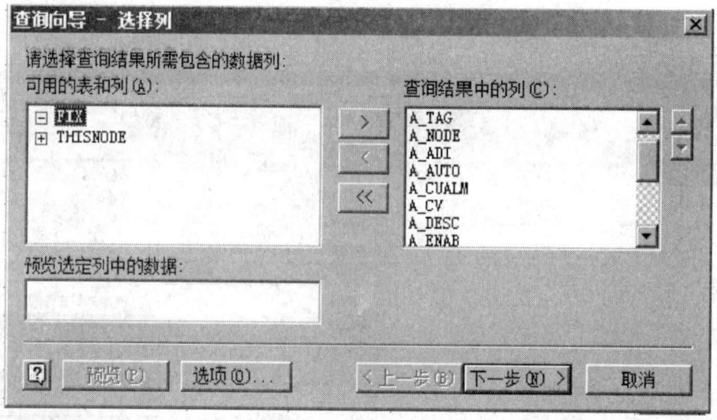

图 5-56　选择数据域

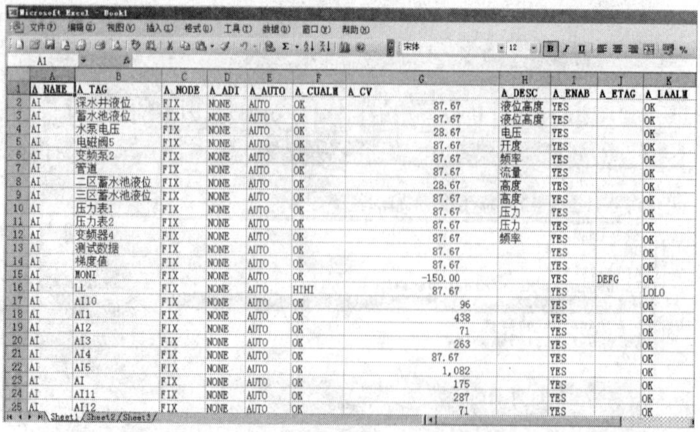

图 5-57　显示实时数据

**2. 在 Excel 中配置数据**

获取 iFIX 数据后，可用下列几种方法更新数据：编写 Excel VBA 代码来刷新查询结果或者在图 5-57 中右击任何一个 iFIX 数据单元，然后选择"刷新数据"。

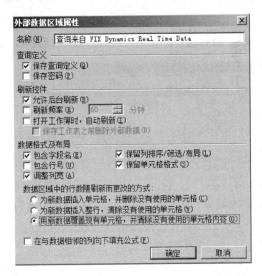

图 5-58　配置外部数据属性

用户可用下面几种方法连续刷新数据：通过编写 Excel VBA 代码来刷新查询结果；或者在图 5-57 中右击任何一个 iFIX 数据单元，然后选择"数据区域属性"，弹出"外部数据区域属性"对话框，如图 5-58 所示。在该对话框中，数据可以配置为每 1～32 767 分钟，并且/或者无论何时打开文件都将刷新一次。

### 5.5.3　使用 Access 创建报表

**1. 获取静态数据**

从 iFIX 的 ODBC 数据源手动导入 iFIX 数据，导入方法与在 Excel 中导入数据的方法类似。首先在 Microsoft Access 2003 中，选择"文件"→"新建"→"空数据库…"命令，在弹出的对话框中选择"新建"，在弹出的"新建表"对话框中选择"导入表"选项，如图 5-59 所示。

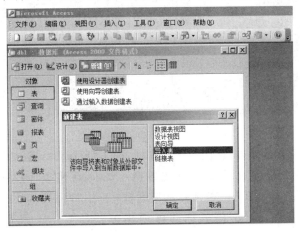

图 5-59　导入外部数据到 Access

　　单击"确定"按钮，弹出"导入"对话框，在其中"文件类型"下拉列表中选择"ODBC 数据库"，Access 自动列出的可供使用的 ODBC 数据源，如图 5 - 60、图 5 - 61 所示。

图 5 - 60　选择文件类型

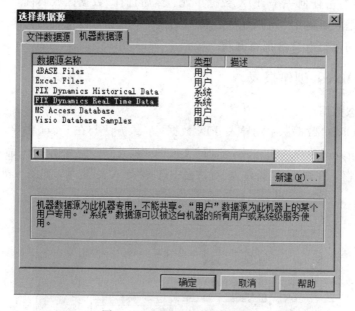

图 5 - 61　选择 ODBC 数据源

　　在图 5 - 61 的"机器数据源"选项卡中，选择"FIX Dynamics Real Time Data"（实时数据）或"FIX Dynamics Historical Data"（历史数据），Access 将查询数据源并显示应用数据项。单击"新建"按钮弹出如图 5 - 62 所示的对话框，选中"FIX"，单击"确定"按钮，在"表"的菜单中显示 FIX 名称，双击该名称即可创建一张新表，显示 PDB 中的当前数据，图 5 - 63所示为实时数据列表。

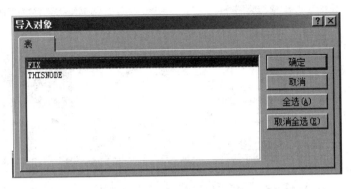

图 5-62　"导入对象"对话框

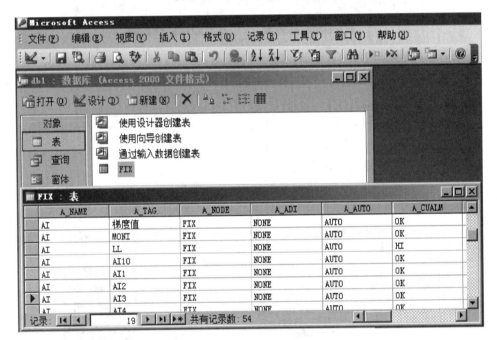

图 5-63　实时数据列表

## 2. 实时链接 iFIX 数据

Access 提供了链接表到某个数据源的功能，使用"查询"显示数据要优于直接显示整张表，在图 5-59 所示的对话框中选择"链接表"，单击"确定"按钮，弹出如图 5-60 所示的对话框，选择"ODBC 数据库"，Access 自动列出的可供使用的 ODBC 数据源，选择 FIX Dynamics Real Time Data（实时数据）或 FIX Dynamics Historical Data（历史数据），Access 将创建一张新的链接表来显示 PDB 中的数据。

## 3. 利用 iFIX 数据建立查询

在 Access 中，可以使用 iFIX 数据建立查询，使用查询来浏览、修改和分析数据。其包括计算求和、计数、其他统计和利用交叉表进行分类。从左侧"查询"菜单中选择"使用向导创建查询"，弹出"简单查询向导"的对话框，如图 5-64 所示，在其中进行相应的设置即可。

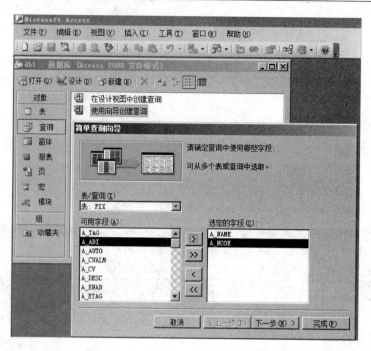

图 5-64　"简单查询向导"对话框

### 4. 使用报表向导快速编辑并生成报表

　　从左侧"报表"菜单中选择"使用向导创建报表",弹出"报表向导"对话框,如图 5-65 所示。在该对话框中选择分组、过滤和排序功能后,创建的报表如图 5-66 所示。

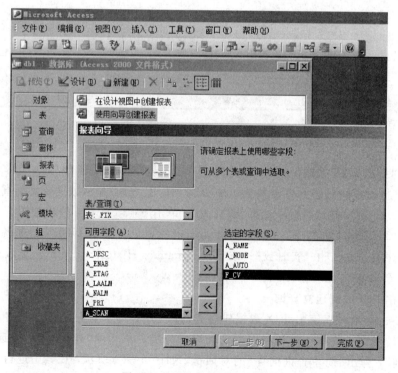

图 5-65　"报表向导"对话框

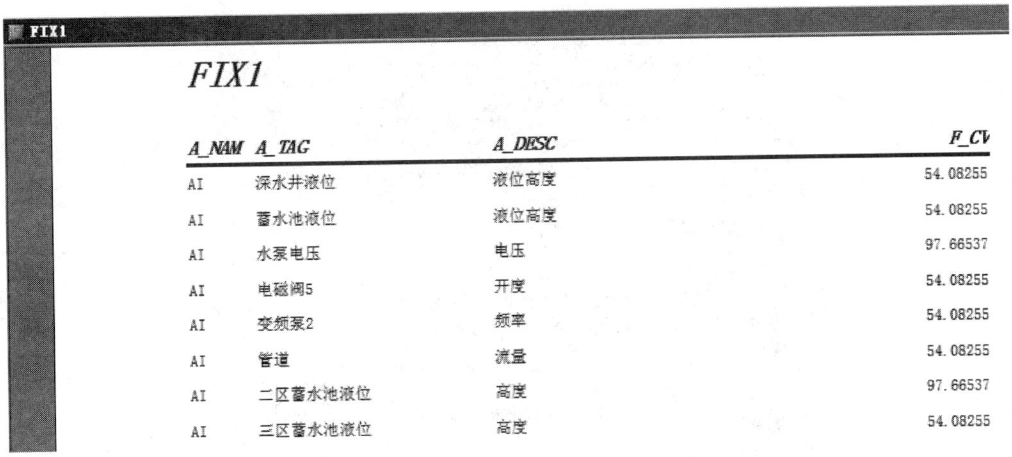

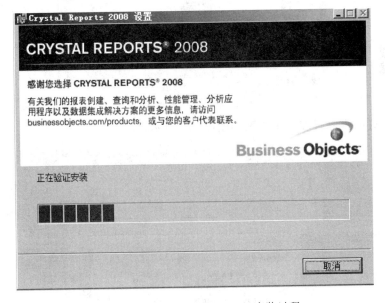

图 5 - 66　报表显示

### 5.5.4　使用 Crystal Reports 创建报表

　　Crystal Reports(水晶报表)是一款商务智能软件，主要用于设计及产生报表。Crystal Report 是业内最专业、功能最强的报表系统，它除了强大的报表功能外，最大的优势是实现了与绝大多数流行开发工具的集成。

　　Crystal Reports 2008 功能强大，为报表开发人员提供了方便之门。想使用 Crystal Reports，首先要进行软件的安装，安装过程如图 5 - 67 所示。

图 5 - 67　Crystal Reports 2008 安装过程

　　使用 Crystal Reports 创建报表的具体步骤如下：

　　(1) 选择数据源。数据源可以是数据库文件、查询、SQL/ODBC、Oracle、NT Event Log 等，如图 5 - 68 所示。

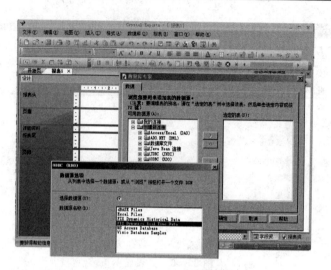

图 5 - 68　选择数据源

（2）选择数据库域，如图 5 - 69 所示。

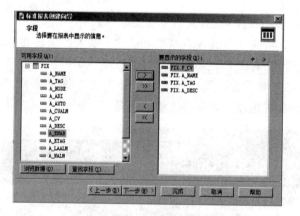

图 5 - 69　选择数据库域

（3）设计好的水晶报表显示界面如图 5 - 70 所示。

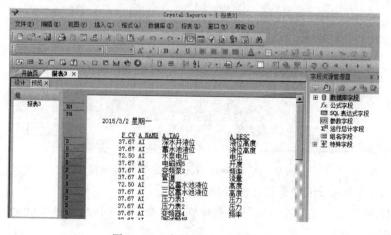

图 5 - 70　水晶报表的显示界面

在水晶报表的显示界面中，还可以通过设计栏对其显示格式进行一系列的设置，如图 5 - 71 所示。

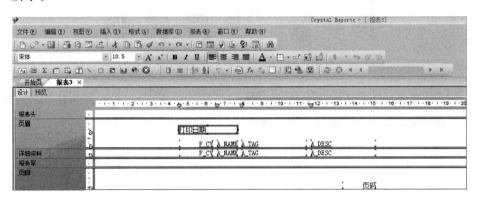

图 5 - 71　水晶报表的设计界面

**注意：**因为以上报表需要连接 iFIX 的数据源，所以要保证 iFIX 软件处于启动运行状态。

# 第6章　应用实例

　　本章通过两个具体工程实例的应用，详细地介绍了 iFIX 组态软件的使用以及和 GE PAC 建立通信的方法，掌握组态软件在实际工程的应用。

## 6.1　加工中心刀库捷径方向选择控制

### 6.1.1　任务要求

　　如图 6-1 所示为模拟数控加工中心的刀库，它由步进电机或直流电机控制，在其上面设有 8 把刀，分别有 1，2，3，…，8 个刀位，每个刀位有霍尔开关一个。刀库由小型直流减速电机带动低速旋转，转动时，刀盘上的磁钢检测信号反映刀号的位置。

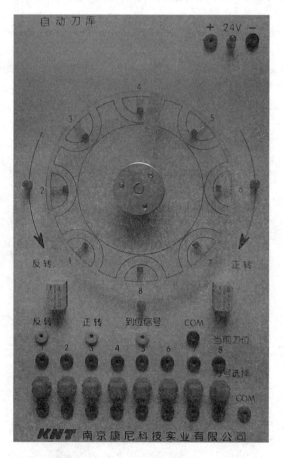

图 6-1　模拟刀库模块

按以下步骤选择刀号：

开机时，刀盘自动复位在 1 号刀位，操作者可以任意选择刀号。比如，现在选择 3 号刀位（按住，实际机床中主要防止错选刀号），程序判别最短路径，是正转还是反转，这时，刀盘应该正转到 3 号刀位，到位后，会看到到位信号灯常亮，告知刀已选择，此时，松开选择按钮。如选择 6、7、8 号刀，则情况反之。

## 6.1.2 任务实现

### 1. 任务实现工作原理

刀库模块中每个刀位下有一个霍尔元器件，当转盘上的黄条遮挡住某一个霍尔开关时，与霍尔开关相对应的当前位输入端为低电位。刀位选择按钮分别对应每个刀位，当按钮按下时，输入端为高电位。其中正转、反转、到位指示灯为输出端，当其中一个为高电位时其对应的指示灯亮。

### 2. 程序算法

该设计中有 8 个刀位，要求刀盘按就近原则旋转。因此需要将当前刀位的数值存储在数字寄存器存储区域 R1 中，所要选择的刀位数值存储在 R2 中。可以分为以下三种情况进行设计。

（1）R1＜R2。将 R1＋8－R2 存在 R4，当 R4＞＝4 时应为正转；当 R4＜4 时应为反转。

（2）R1＝R2。恰好当前位置和选择位置一致，刀盘保持不动，到位指示灯亮。

（3）R1＞R2。将 R2＋8－R1 存在 R6，当 R6＜＝4 时应为正转；当 R6＞4 时应为反转。

### 3. I/O 地址分配

该任务实现借助于 GE PAC 控制器来实现，其 I/O 地址分配表如表 6-1 所示。

表 6-1 加工中心刀库捷径方向选择控制 I/O 地址分配表

| 器件号 | 地址 | 器件号 | 地址 | 器件号 | 地址 |
|---|---|---|---|---|---|
| 当前位 1 | I00081 | 按钮 1 | I00089 | 反转 | Q00001 |
| 当前位 2 | I00082 | 按钮 2 | I00090 | 正转 | Q00002 |
| 当前位 3 | I00083 | 按钮 3 | I00091 | 到位 | Q00003 |
| 当前位 4 | I00084 | 按钮 4 | I00092 | | |
| 当前位 5 | I00085 | 按钮 5 | I00093 | | |
| 当前位 6 | I00086 | 按钮 6 | I00094 | | |
| 当前位 7 | I00087 | 按钮 7 | I00095 | | |
| 当前位 8 | I00088 | 按钮 8 | I00096 | | |

### 4. 程序设计

程序设计思想分析：

（1）按下刀号选择按钮后，通过程序判别最短路径，自动选择正转还是反转。

（2）开机时，刀盘自动复位在 1 号刀位，需要一个初始扫描（♯FST_SCN）给刀盘复位。

（3）在实际机床中要防止错选刀号，即需要一直按着按钮才能达到所选位置。

程序设计在 GE PAC 的编程软件 PME 中来实现。其具体实现过程如图 6-2～图 6-5所示。

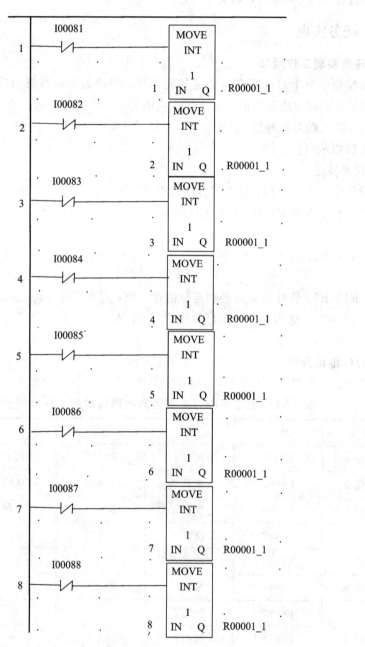

图 6-2　当前位扫描

**说明**：图 6-2 程序的 1～8 行为当前位扫描，即把当前位数值存入 R1 中。

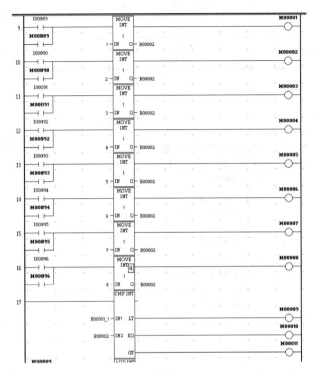

图 6-3　刀号选择扫描及 R1 与 R2 比较的梯形图

**说明**：图 6-3 程序的 9～16 行为刀号选择扫描，并把选择数值存在 R2 中。

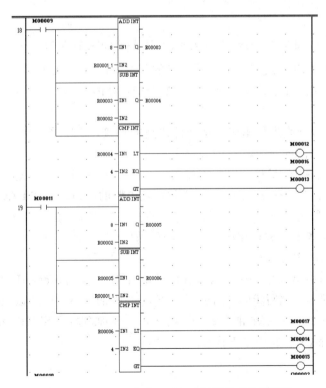

图 6-4　R1＜R2 和 R1＞R2 时运算处理的梯形图

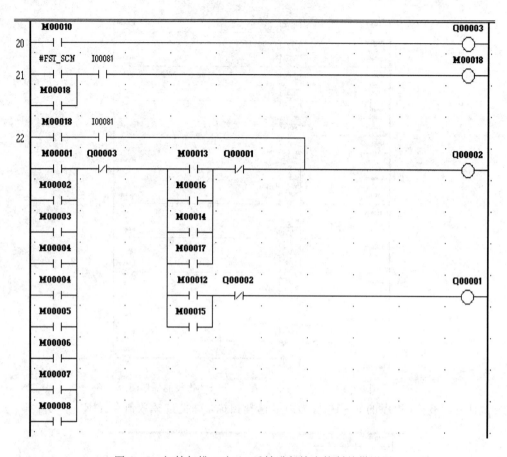

图 6-5 初始扫描，对正、反转进行输出控制的梯形图

**说明：**程序中的 18 行是实现 R1<R2 时的程序；19 行是实现 R1>R2 时的程序；20 行是实现 R1=R2 时的程序；21 行是实现初始扫描，对正、反转进行输出控制。

**5. 通信配置**

（1）按照 I/O 分配表进行相应物理硬件线路的连接，并连接 PAC 与电脑之间的网线以及与以太网模块之间的网线。

（2）打开电源，确保 PAC 与电脑连接上（右击网络→属性→查看链接状态），并查看或设置电脑 IP 地址（比如 192.168.1.50），必须保证电脑的网络地址和 PAC 的以太网通信模块的地址在同一网段内。

（3）启动 PME 软件，进行相应的硬件配置，如图 6-6 所示。

（4）PME 中临时 IP 的设置。

① 在工作界面中单击"/U…"，打开界面后单击"Set Temporary IP Address"，弹出如图 6-7 所示的对话框，填写 PLC 上的 IC695ETM001 的 MAC 地址以及临时 IP 地址（如192.168.1.60）。配置完成后单击"Set IP"按钮，一分钟左右出现"IP change SUCCESS-FUL"，此时应确保 CPU 处于停止状态。

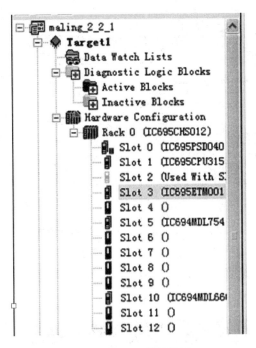

图 6-6　PAC 硬件配置

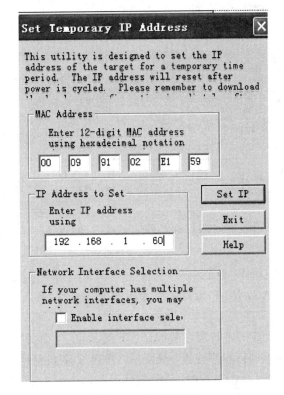

图 6-7　设置临时 IP

② 在 Hardware(硬件配置)中单击"IC695ETM001",在其界面的"IP Address"中填写刚才设置的临时 IP(192.168.1.60),如图 6-8 所示。

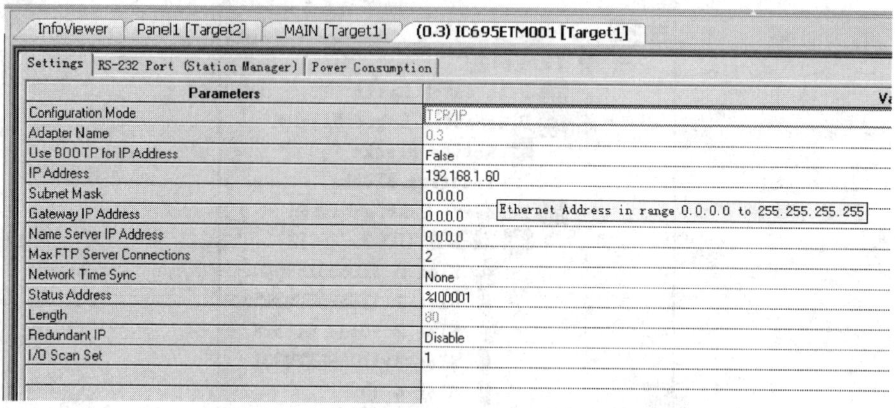

图 6-8　IC695ETM001 IP 地址设置

③ 在 Navigator 下右击"Target1"，在下拉菜单中选择"Inspector"，弹出"Inspector"对话框，将"Physical Port"设置成 ETHERNET，在"IP Address"栏中键入刚才设置的临时 IP(192.168.1.60)，如图 6-9 所示。

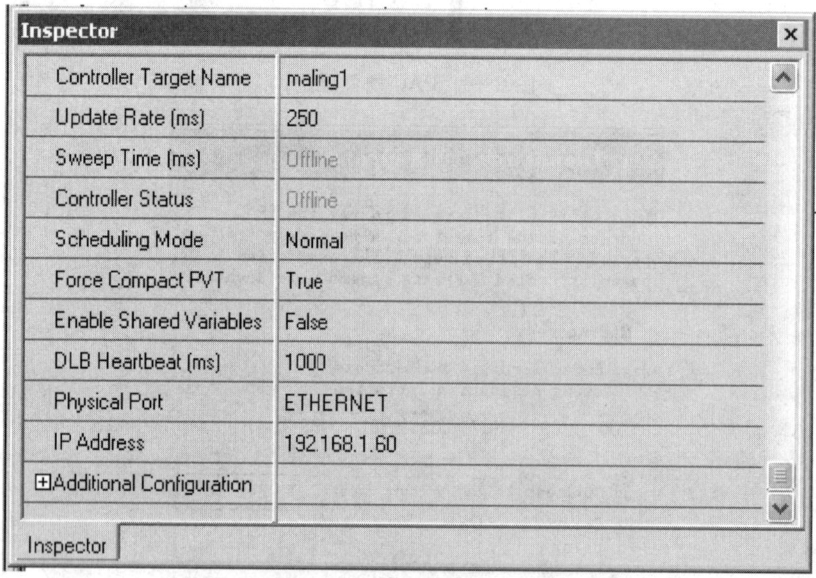

图 6-9　以太网通信参数设置

**注意**：此处所设的三个 IP 地址相同，但要与电脑在同一个网段，且不相同。在设定临时 IP 时，一定要分清 PAC、PC 和触摸屏三者间的 IP 地址关系，要在同一个 IP 段内，而且两两不可以重复。

(5) 完成以上设置后即可进行程序的编译、下载、运行，如图 6-10 所示。

单击图 6-10 中的 1 进行程序检查，无误后，单击 2 建立起计算机与 PAC RX3i 之间的通信联系，此时 3 变绿，单击 3(CPU 此时应处于停止状态)，再依次单击 4、5 进行程序和硬件配置下载。正确无误后，Target1 前的菱形变绿。此时可将 CPU 转换为 RUN 状态，单击按钮可以在线查看控制效果。

图 6 - 10  编译、下载

### 6.1.3  触摸屏与 PAC 的通信控制

QuickPanel View/Control 是当前最先进的紧凑型控制计算机，根据不同型号集成有单色或彩色的平面面板。它提供不同的配置来满足使用的要求，既可以作为全功能的 HMI（人机界面），也可以作为 HMI 与本地控制器和分布式控制应用的结合。

该控制中采用 6 英寸 QuickPanel View/Control 产品，并采用 Windows CE. NET 作为其操作系统，是一个图形界面的完全 32 位的操作系统。工作时其由外部提供 24V DC 工作电压，可以通过电源孔接入，外观如图 6 - 11 所示。

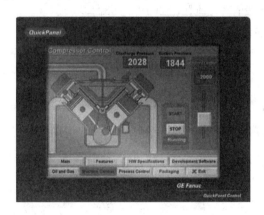

图 6 - 11  QuickPanel View/Control 产品外观

**1. 配置 QuickPanel View/Control 的 IP 地址**

（1）单击控制面板左下角的 Start/Network and Dialup Connections，弹出"Connection"窗口，如图 6 - 12 所示。

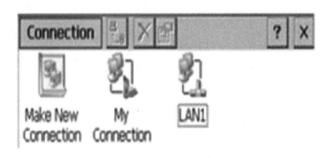

图 6 - 12  "Connection"窗口

（2）选择一个连接，并选择属性，出现 Built In 10/100 Ethernet Port Settings 对话框，如图6-13所示。

图 6-13　设置属性

在图 6-13 中选择"Specify an IP address"（手动）选项，设置 IP 地址，此处应与 PLC 和电脑 IP 地址在同一网段且不相同（比如 192.168.1.35）。

**2. PME 和触摸屏的通信设置**

（1）在 PME 软件中，右键单击已经建立好的 PLC 工程名，选择"Add Target"→"QuickPanel View/Control"→"QP View 6″ TFT"，如图 6-14 所示。

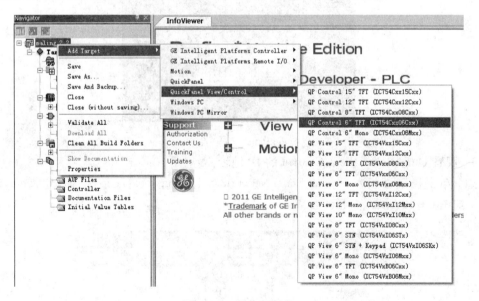

图 6-14　添加新任务

（2）右键单击新标签 Target2，添加 HMI（Human Machine Interface ）组件，如图 6-15 所示。

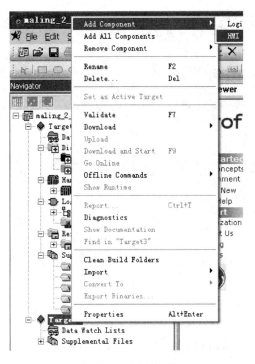

图 6 - 15 添加组件

（3）右键单击新标签 Target2 下的"PLC Access Drivers"，添加驱动，如图 6 - 16 所示。

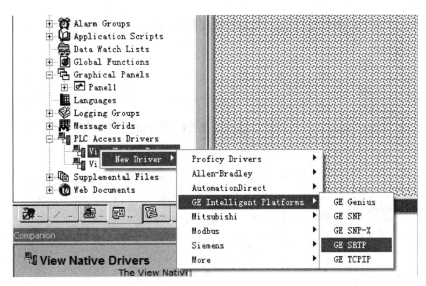

图 6 - 16 添加驱动

（4）QP IP 设置。右击 Target2，在下拉菜单中选择 Properties，弹出"Inspector"对话框，在"Computer Address"的对应栏中键入 QP 的 IP 地址（192.168.1.35），如图 6 - 17 所示。

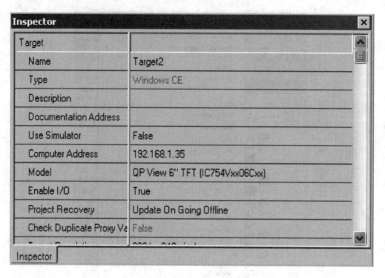

图 6-17  设置 QP IP 地址

在图 6-17 中，可以通过改变 Name 属性修改其命名；当 Use Simulator＝False 时，设定 QP 对象 IP 地址与 QP 硬件 IP 地址匹配，比如：192.168.1.35；当 Use Simulator＝True 时，QP 对象在 PC 上模拟仿真显示，不下载到 QP 硬件。

（5）设置要连的 PLC 地址属性。右键点击 GE SRTP 下的 Divice1，在弹出的菜单中选择"Properties"，在其弹出的对话框的"PLC Target"栏中选择 Target1，在"IP Address"栏中键入 PLC 的 IP 地址（192.168.1.60），如图 6-18 所示。

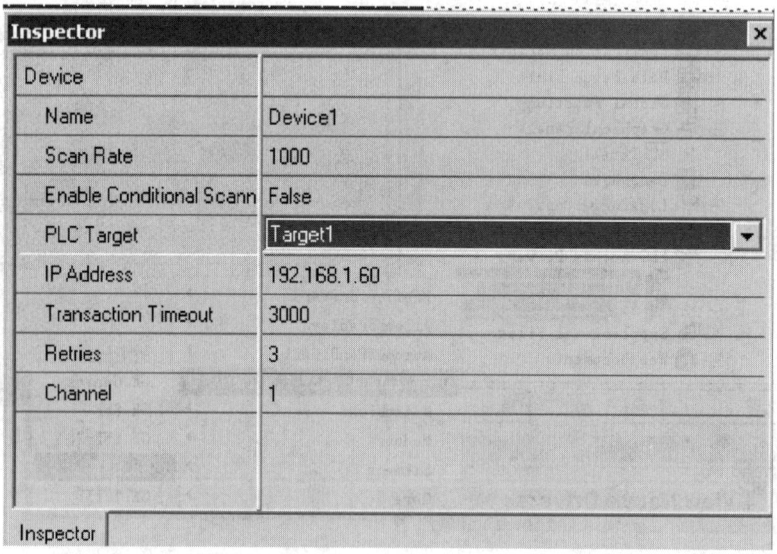

图 6-18  设置 PLC IP 地址

（6）建立画面。如图 6-19 所示为在 QP 上建立的"加工中心刀库捷径方向选择控制"的画面。画面中主要添加了转盘上当前位置指示灯、反转指示灯（Reverse）、正转指示灯（Corotation）、到位指示灯（Daowei），按钮分别对应实际控制器件中的按钮，并同样可实现按要求正、反转功能。

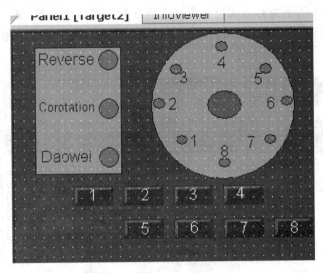

图 6 - 19  QP 监控 PLC 画面

（7）数据连接。以图 6 - 19 中反转指示灯的属性设置为例，实现与 PLC 的数据连接。右键单击选择其属性设置，弹出如图 6 - 20 所示的属性设置的对话框。

① 双击指示灯，弹出属性设置的对话框，选中"Color"选项卡中的"Enable Fill Color Anim"选项。

② 点击右方的小灯泡按钮，单击"Variable"按钮，在下拉列表中选择在 PLC 程序编写中地址分配所关联对应的变量，这里为反转的指示灯，所以应选择 Q00001，双击即可。

③ 点击 ON 和 OFF 上方的颜色条还可以对颜色进行设置。

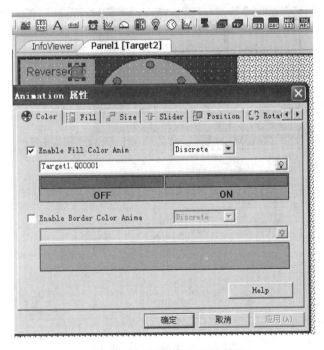

图 6 - 20  反转指示灯属性设置

（8）如图 6-21 所示为对当前位指示灯 3 的数据连接属性设置。操作与图 6-20 相类似，在此，该指示灯应连接程序中的 I00083。注意，此处为 PLC 的当前位状态向 QP 输入，因此可以用％I。

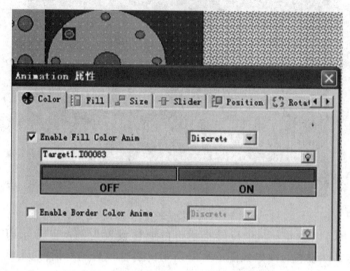

图 6-21　当前刀位 3 指示灯的属性设置

（9）如图 6-22 所示为对按钮 1 的设置。双击按钮弹出 Inspector 对话框，单击"Variable Name"行的下拉箭头，在下拉菜单中选择程序中按钮 1 对应的变量，在此应连 M00089。"Action"中有各种动作，可根据控制要求选择，在此选"Momentary"。

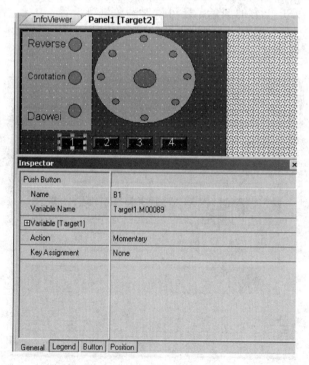

图 6-22　按钮 1 属性设置

（10）以此类推，完成其他对象的属性设置。触摸屏界面开发好之后，便可以进行编译、下载和调试（见图 6-23），在 Feedback Zone 显示没有错误，没有警告（见图 6-24）。

图 6-23 编译下载

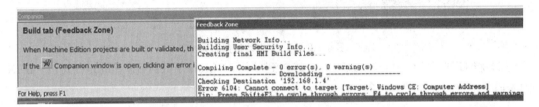

图 6-24 通信成功

此时，QP 上显示 Target2 中编辑的画面，当 PLC 处于运行状态时，可在触摸屏上进行正确监控，如图 6-25 所示。

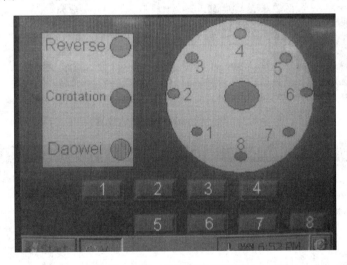

图 6-25 触摸屏运行画面

### 6.1.4 iFIX 与 PAC 的通信控制

#### 1. 驱动 GE9 的安装和配置

iFIX 组态软件可以与多种类型的 PLC 控制器进行连接，建立通信，将 PLC 中的数据采集到 iFIX 的数据库中。iFIX 与 PLC 之间建立通信必须通过驱动这个中间桥梁，不同厂家，不同类型的 PLC 与 iFIX 建立通信所需的驱动也是不相同的，其中 GE PAC 的驱动是 GE9。

（1）将 GE9 整个文件复制到 C:\Program Files\GE Fanuc\Proficy iFIX 中，如图 6-26 所示。

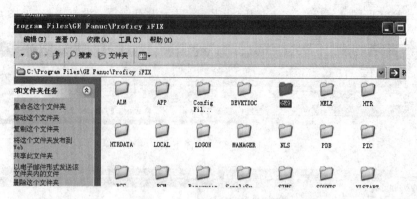

图 6 - 26　GE9 驱动复制目录

（2）将 GE9 中的 default. GE9 文件复制到 C:\Program Files\GE Fanuc\Proficy iFIX 中的 PDB 文件中，如图 6 - 27、图 6 - 28 所示。

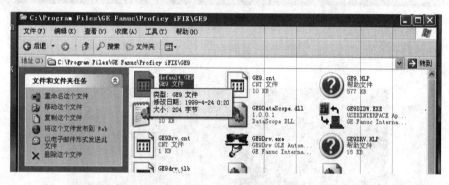

图 6 - 27　default. GE9 默认位置

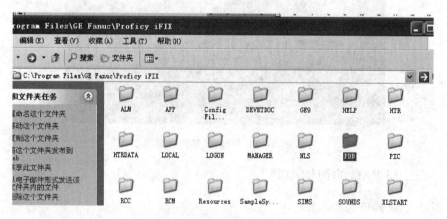

图 6 - 28　default. GE9 更改位置

（3）进行 IP 通信设置。在 iFIX 安装盘中找到 WINDOWS 文件夹，将 C:\WINDOWS\system32\drivers\etc\hosts 文件通过记事本的形式打开，用记事本打开 hosts 文件后，在记事本的末尾加上 iFIX 和 PAC 的 IP 地址，如图 6 - 29 所示。

**注意：** FIX 前面输入的地址是 iFIX 所安装的电脑 IP 地址（在此为 192. 168. 1. 50），PLC 前面输入的地址是 PAC 控制器之前设置的 PAC 临时 IP 地址（在此为 192. 168. 1. 60）。

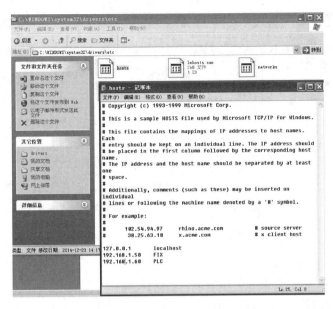

图 6 - 29　hosts 文件中加入 iFIX 和 PLC 的 IP

**2. iFIX 数据库以及画面的建立**

（1）打开 iFIX 后，单击菜单栏中的"应用程序"→"SCU"，在弹出的对话框中，单击 "配置"按钮，在下拉菜单中选择 SCADA 配置。在"SCADA 配置"对话框中，设置数据库名 称、I/O 驱动器名称，单击"添加"按钮（见图 6 - 30）。再单击"配置"按钮，在下拉菜单中选 择 Use Local Server。在弹出的对话框中单击"Connect…"按钮，跳出 GE9 配置环境，如图 6 - 31所示。

**注意：**此时应是 CPU 处于 RUN 状态。

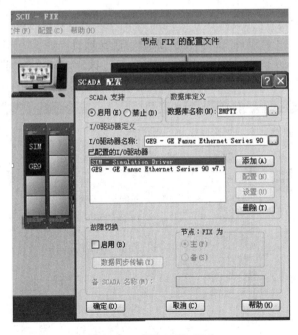

图 6 - 30　添加 GE9 驱动

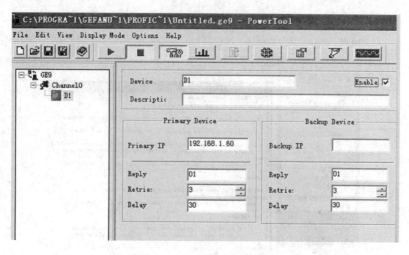

图 6 - 31　GE9 设备配置

（2）在图 6 - 31 中，按照以下几个步骤完成设备配置添加。

① 单击最下面的第一个按钮，添加 Channel0，通道名称可以随意设置，然后勾选其后面的 Enable 选项，完成配置。

② 单击最下面的第二个按钮进行设备配置，此项配置非常重要，首先在输入 Device 名称时要写简单容易记忆的，比如添加 D1，然后在"Primary IP"栏中输入与之相连接的 PAC 的 IP 地址，比如 192.168.1.60，最后勾选"Enable"选项，如图 6 - 31 所示。

③ 单击最下面的第三个按钮，添加 DBQ，输入 I/O 地址（Q1～R100），勾选"Enable"选项。DBI、DBM 等的建立与 DBQ 方法一样。

④ 保存该驱动配置，如文件名为 maling.ge9。

（3）在图 6 - 31 中单击上面手形按钮，在"Default Path"中输入"maling.ge9"；在"Advanced"中选中"Server Auto→On"，然后保存并关闭"PowerTool"。

① 单击"系统配置"窗口的"任务配置"按钮，查看是否添加了 IOCNTRL.EXE /a。

② 再次运行 PowerTool，单击"启动"按钮，运行该驱动。单击"监视"按钮，监视运行情况，当"Data"显示为"Good"后（见图 6 - 32），表示可建立数据库的连接。

图 6 - 32　iFIX 与 PLC 连接成功

（4）根据控制任务在 iFIX 中建立数据库，如表 6-2 所示。

**表 6-2　iFIX 中刀库正、反转控制数据库**

| | 标签名 | 类型 | 描述 | 扫描时间 | I/O设备 | I/O地址 | 当前值 |
|---|---|---|---|---|---|---|---|
| 1 | Q3 | DI | 到位 | 1 | GE9 | D1:Q3 | CLOSE |
| 2 | Q1 | DI | 反转 | 1 | GE9 | D1:Q1 | OPEN |
| 3 | Q2 | DI | 正转 | 1 | GE9 | D1:Q2 | OPEN |
| 4 | DI001 | DI | 当前位1指示灯 | 1 | GE9 | D1:I81 | CLOSE |
| 5 | DI002 | DI | 当前位2指示灯 | 1 | GE9 | D1:I82 | CLOSE |
| 6 | DI003 | DI | 当前位3指示灯 | 1 | GE9 | D1:I83 | CLOSE |
| 7 | DI004 | DI | 当前位4指示灯 | 1 | GE9 | D1:I84 | CLOSE |
| 8 | DI005 | DI | 当前位5指示灯 | 1 | GE9 | D1:I85 | CLOSE |
| 9 | DI006 | DI | 当前位6指示灯 | 1 | GE9 | D1:I86 | CLOSE |
| 10 | DI007 | DI | 当前位7指示灯 | 1 | GE9 | D1:I87 | OPEN |
| 11 | DI008 | DI | 当前位8指示灯 | 1 | GE9 | D1:I88 | CLOSE |
| 12 | DO002 | DO | 按钮2 | —— | GE9 | D1:M90 | OPEN |
| 13 | DO003 | DO | 按钮3 | —— | GE9 | D1:M91 | OPEN |
| 14 | DO004 | DO | 按钮4 | —— | GE9 | D1:M92 | OPEN |
| 15 | DO005 | DO | 按钮5 | —— | GE9 | D1:M93 | OPEN |
| 16 | DO006 | DO | 按钮6 | —— | GE9 | D1:M94 | OPEN |
| 17 | DO007 | DO | 按钮7 | —— | GE9 | D1:M95 | OPEN |
| 18 | DO008 | DO | 按钮8 | —— | GE9 | D1:M96 | OPEN |
| 19 | DO001 | DO | 按钮1 | —— | GE9 | D1:M89 | OPEN |

（5）在开发画面中建立"加工中心刀库捷径方向选择"监控画面，如图 6-33 所示。

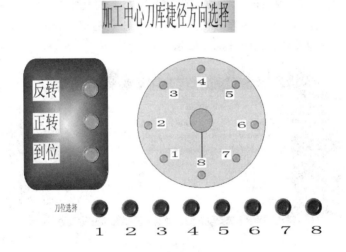

图 6-33　iFIX 中监控 PAC 画面

**3. iFIX 动画的设置**

（1）画面中指示灯的动画连接。双击画面中指示灯按钮，选择指示灯数据源，进行相应的数据连接，如图 6-34 所示为反转指示灯的动画设置，如图 6-35 所示为到位指示灯的动画设置。

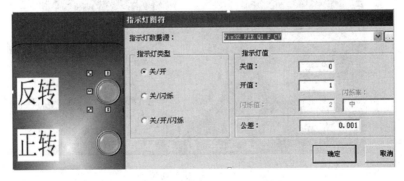

图 6-34　反转指示灯动画设置

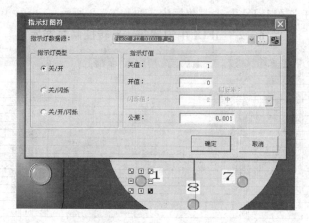

图 6 - 35　当前位 1 指示灯动画设置

（2）画面中按钮的动画连接。选中按钮 1 连接数据源至 DO0001，在"选择数据输入方法"中选中"按钮输入项"。因为转盘黄条所在刀位应处于低电位，所以在按钮标题中的"打开按钮标题"输入"关闭"，在"关闭输入按钮标题"中输入"打开"。操作时，每打开一次，需要按关闭才能控制其他按钮，如图 6 - 36 所示。

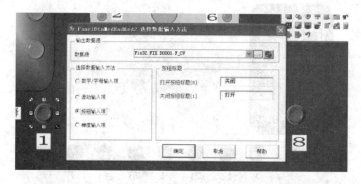

图 6 - 36　按钮 1 动画设置

**4. iFIX 对 PAC 的监控**

运行 iFIX，分别点击 8 个按钮，可使刀盘按要求旋转，各个指示灯也按规律亮、灭以显示刀盘状态。如图 6 - 37～图 6 - 39 所示为由 8 号刀库到 3 号刀库的运行图。

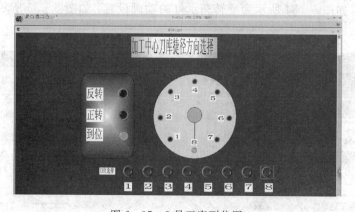

图 6 - 37　8 号刀库到位图

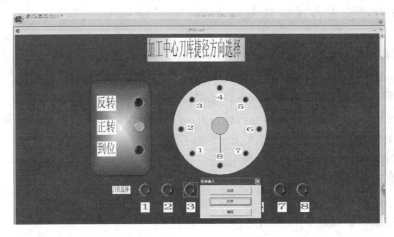

图 6-38    3 号刀库选择

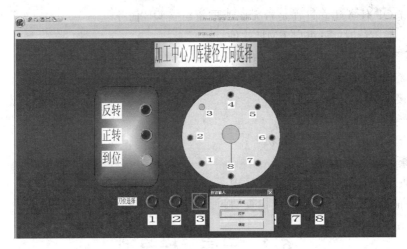

图 6-39    3 号刀库到位图

## 6.1.5 设计问题解决

在实际设计中往往不会一帆风顺，可能会遇到各种问题，在解决问题的过程中也会巩固基础、积累经验。下面是设计时可能遇到的部分问题的解决方法。

**1. PME 与 PAC**

（1）设置临时 IP 时总不能成功。

① 检查 MAC 和 IP 地址是否符合设置要求；

② 检查 CPU 是否处于 Stop 状态；

③ 更换临时 IP；

④ 以上都不行时，可重启 PME 软件。

（2）PC 与 PAC 无法建立通信。

① 检查 IP 地址是否符合设置要求；

② 检查 CPU 是否处于 Stop 状态；

③ 检查网线是否连好，此时最好不要插其他网线；

④ 将备份的文件再重新恢复一下（右击"MyComputer"，在下拉菜单中选择"Restore"）；

⑤ 以上都不行时，可重启 PME 软件。

（3）提示栏中有警告或错误，当检查不出什么问题时，可能是软件的问题，重新恢复一份或重新建立一个任务，将原来的内容复制进来。

另外，还可以临时建立一个简单的或打开一个之前运行无误的工程进行测试，缩小可能存在问题的范围。

**2. QP 与 PAC**

（1）通信不成功。

① 检查 IP 地址；

② 检查 CPU 是否处于 Run 状态；

③ 检查网线是否插好；

④ 检查 QP 任务建立过程是否无误或重新建立 QP 任务；

⑤ 以上都不行时，可重启 PME 软件。

（2）下载成功后，面板上的图形出现问号，此时应检查数据连接是否正确。

**3. iFIX 与 PAC**

（1）连接不成功。

① 检查 IP 地址；

② 检查 CPU 是否处于 Run 状态；

③ 检查网线是否插好；

④ 检查程序是否正确下载到 PLC 中。

（2）不能监控或操作，此时应检查动画设置以及所连接数据是否正确。

# 6.2　三层电梯控制

## 6.2.1　任务要求

电梯早已成为我们日常生活中的重要工具，在住宅区、办公楼、商业大厦等建筑物中都有应用。如图 6-40 所示为三层电梯的控制模型图，其工作原理如下：

按下启动按钮电梯至工作准备状态。

将三个楼层信号中的任意一个限位开关 SQ 置 1，表示电梯停在当前层，此时，楼层信号灯点亮。按下电梯外呼信号 UP 或者 DOWN，电梯升降到所在楼层，电梯门打开，OPEN 指示灯亮，延时闭合，此时模拟人进入电梯。进入电梯后，按下内呼叫信号选择要去的楼层，关闭楼层限位 SQ（模拟轿厢离开当前层），打开目标楼层限位（表示轿厢到达该层），电梯门打开，延时闭合（模拟人出电梯过程）。

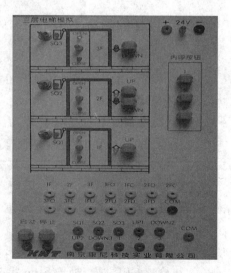

图 6-40　电梯模型图

## 6.2.2 任务实现

### 1. 任务实现

电梯由安装在各楼层门口的上升(UP)和下降(DOWN)呼叫按钮进行呼叫操纵,其操纵内容为电梯运行方向。电梯轿厢内设有楼层内选按钮1、2、3,用以选择需停靠的楼层。电梯上升途中只响应上升呼叫,下降途中只响应下降呼叫,任何反方向的呼叫均无效。电梯位置由行程开关SQ1、SQ2、SQ3决定,电梯运行由手动依次拨动行程开关完成,其运行方向由上升、下降指示灯UP、DOWN决定。其程序流程图如图6-41所示。

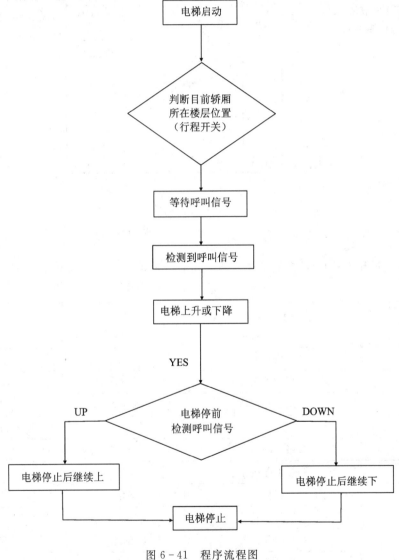

图6-41 程序流程图

### 2. 电气接线图

PAC与电梯控制模块的电气接口如图6-42所示。

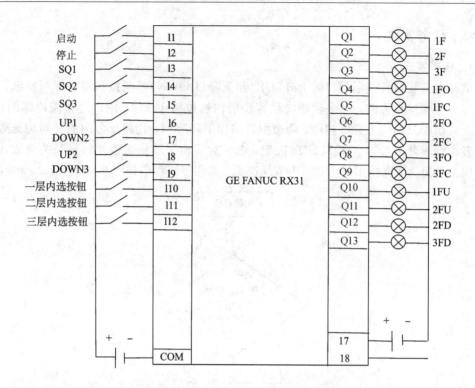

图 6-42  PAC 与电梯控制模块的电气接口图

### 3. I/O 地址分配

该任务借助于 GE PAC 控制器来实现，其 I/O 地址分配表如表 6-2、表 6-3 所示。

**表 6-2  输入 I/O 分配表**

| 序 号 | 名 称 | 面板符号 | 输入点 |
|---|---|---|---|
| 1 | 三层内选按钮 | 1 | I10 |
| 2 | 二层内选按钮 | 2 | I11 |
| 3 | 一层内选按钮 | 3 | I12 |
| 4 | 三层下呼按钮 | DOWN3 | I9 |
| 5 | 二层上呼按钮 | UP2 | I8 |
| 6 | 二层下呼按钮 | DOWN2 | I7 |
| 7 | 一层上呼按钮 | UP1 | I6 |
| 8 | 三层行程开关 | SQ3 | I5 |
| 9 | 二层行程开关 | SQ2 | I4 |
| 10 | 一层行程开关 | SQ1 | I3 |
| 11 | 启动开关 | 启动 | I1 |
| 12 | 停止开关 | 停止 | I2 |

表 6 - 3　输出 I/O 分配表

| 序　号 | 名　称 | 面板符号 | 输入点 |
|---|---|---|---|
| 1 | 一层指示灯 | IF | Q1 |
| 2 | 二层指示灯 | 2F | Q2 |
| 3 | 三层指示灯 | 3F | Q3 |
| 4 | 一层上升指示灯 | 1FU | Q10 |
| 5 | 二层上升指示灯 | 2FU | Q11 |
| 7 | 三层下降指示灯 | 3FD | Q13 |
| 8 | 二层下降指示灯 | 2FD | Q12 |
| 9 | 一层开门指示灯 | 1FO | Q4 |
| 10 | 一层关门指示灯 | 1FC | Q5 |
| 11 | 二层开门指示灯 | 2FO | Q6 |
| 12 | 二层关门指示灯 | 2FC | Q7 |
| 13 | 三层开门指示灯 | 3FO | Q8 |
| 14 | 三层关门指示灯 | 3FC | Q9 |

**4. 程序设计**

1）Proficy Machine Edition 配置

打开 PME 软件，选择新建工程 New Project，输入工程名称"三层电梯模拟控制"，然后确定，如图 6 - 43 所示。

图 6 - 43　新建工程画面

建立完新工程之后，开始根据实际硬件系统进行相应模块的配置，首先配置 PAC SystemRX3i 的电源，点击"Hardware Configuration"图标前面的加号将其展开，如图 6 - 44 所示。

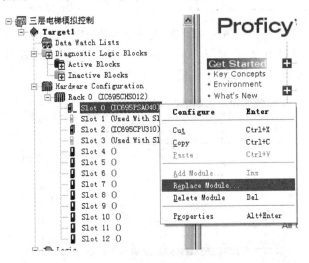

图 6 - 44　硬件电源模块配置

在图 6 - 44 中，右键单击 0 号槽（Slot 0），选择"Replace Module"，然后在弹出的菜单中选择 IC695PSD040。因为 CPU315 占用两个插槽，所以单击 2 号槽，将其拖到 1 号槽中，然后右键单击，选择"Replace Module"，在弹出菜单中选择 CPU315。再配置 3 号槽，因为实际硬件系统中 3 号槽放置的是以太网通信模块，双击 3 号槽，在弹出硬件选择对话框中单击"Communications"，在其下面的器件选择中选中 IC695ETM001，如图 6-45 所示。

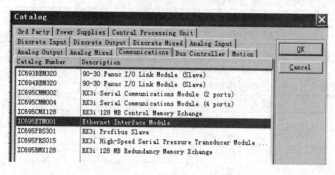

图 6-45　通信模块配置

根据任务的实际硬件配置，5 号槽为数字量输出模块，接下来配置 5 号槽。双击 5 号槽，或右键单击，选择"Add Module"，在"Discrete Output"中选择 IC694MDL754 模块，如图 6-46 所示。

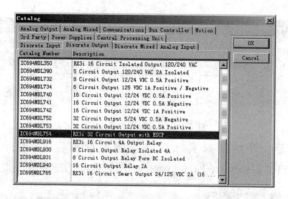

图 6-46　数字量输出模块配置

最后根据实际硬件配置来配置 10 号槽，10 号槽中放置的是数字量输入模块，在"Discrete Input"中选择 IC694MDL660 模块，如图 6-47 所示。

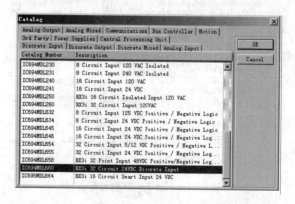

图 6-47　数字量输入模块配置

　　具体的模块配置需要依据实际任务的 PLC 模块位置进行。在模块配置结束后，需要进行 IP 地址的相关设置。总共要设置 4 次 IP，其中 3 次 IP 设置的都一样，均为以太网模块的 IP 地址，另 1 次 IP 地址是 PME 软件环境所安装的 PC 网卡的 IP 地址，PC 对应网卡的 IP 地址与 PAC 以太网通信模块的地址必须处于同一网段内。例如，本项目中 PAC 以太网 IP 地址设置为 192.168.1.14，PC 的 IP 地址设置为 192.168.1.15。具体步骤如下：

　　（1）右键单击"Target1"，在弹出菜单中选择"Properties"进行属性设置，在"Physical Port"中选择 ETHERNET，如图 6-48 所示。

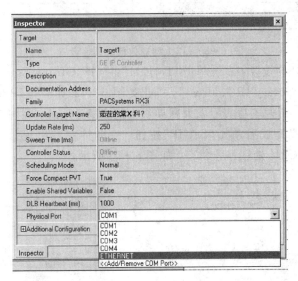

图 6-48　通信属性设置

　　（2）在"IP Address"栏输入自己设置的 IP 地址，如图 6-49 所示。

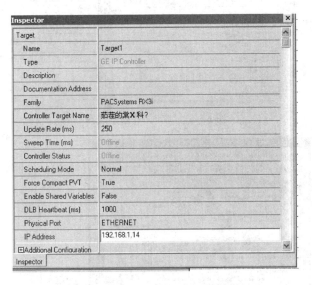

图 6-49　IP 设置

　　（3）双击 3 号槽的以太网通信模块 ETM001，在其弹出的属性设置对话框中把刚才设置的 IP 地址输入到其 IP 地址栏中，如图 6-50 所示。

| InfoViewer | (0.0) IC695PSD040 | (0.1) IC695CPU315 | **(0.3) IC695ETM001** | (0.5) IC694MDL754 | (0.10) IC69 |
| --- | --- | --- | --- | --- | --- |

Settings | RS-232 Port (Station Manager) | Power Consumption |

| Parameters | |
| --- | --- |
| Configuration Mode | TCP/IP |
| Adapter Name | 0.3 |
| Use BOOTP for IP Address | False |
| IP Address | **192.168.1.14** |
| Subnet Mask | 0.0.0.0 |
| Gateway IP Address | 0.0.0.0 |
| Name Server IP Address | 0.0.0.0 |
| Max FTP Server Connections | 2 |
| Network Time Sync | None |
| Status Address | %I00001 |
| Length | 80 |
| Redundant IP | Disable |
| I/O Scan Set | 1 |

Ethernet Address in range 0.0.0.0 to 255.255.255.255

图 6-50　以太网通信模块属性设置

（4）最后一个 IP 的设置，右键单击"Target1"，选择"Offline Commands"，如图 6-51 所示。单击"Set Temporary IP Address"，弹出如图 6-52 所示的 IP 地址设置对话框，在其中的"MAC Address"栏填写实际以太网模块上的 MAC 地址，在"IP Address"栏填写以太网的 IP 地址。配置完成后单击"Set IP"按钮，一分钟左右出现"IP change SUCCESS-FUL"，此时应确保 CPU 处在停止状态，如图 6-53 所示。

图 6-51　临时 IP 菜单选择

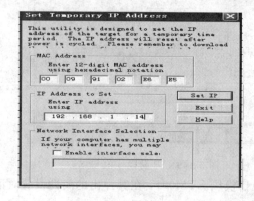

图 6-52　临时 IP 的设置

图 6-53 临时 IP 设置成功

计算机网卡 IP 地址的设置，如图 6-54 所示。

图 6-54 计算机 IP 地址设置

4 次 IP 地址设置完成后，必须建立 PC 和 PAC 之间的通信，看能否成功建立通信连接，不成功需要认真查找问题重新建立。首先打开 PAC，然后单击 PME 软件工具栏的编译程序图标 ✓，单击进行测试。在系统提示无错误后，再继续单击工具栏 ⚡ 闪电符号，如图 6-55 所示，最后提示通信成功。

图 6-55 计算机与 PAC 的通信测试

**注意**：当设置临时 IP 时，一定要分清 PAC、PC 和触摸屏三者间的 IP 地址间的关系，要在同一 IP 段，而且两两不能重复。`

2）程序实现

在 PAC 与计算机之间建立通信后，双击 PME 软件右侧的 logic 菜单，单击"program blocks"，双击"MAIN"，可以在其中进行程序编辑。在程序编写中，用到了主程序和子程序，MAIN 为主程序，右键单击"program blocks"，在弹出菜单中选择添加"New LD Block"，则会出现两个 LD 程序编辑区域。

三层电梯控制的 PAC 主程序梯形图如图 6-56 所示。MAIN 程序中 I00001 为启动按钮，I00002 为停止按钮，在第 1 行程序中利用了自锁原理，CALL LDBK 的功能是执行子程序部分。在第 1 行中 M00030 为置位线圈，而在第 3 行中的 M00030 为复位线圈，这样就实现了启动与暂停功能。

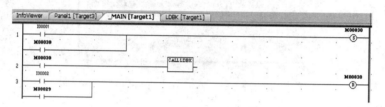

图 6-56　主程序梯形图

三层电梯控制的 PAC 子程序梯形图（一）如图 6-57 所示。

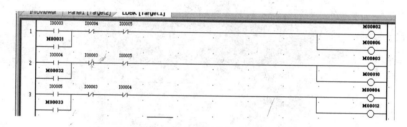

图 6-57　子程序梯形图（一）

说明：图 6-57 为行程开关控制程序，打开行程开关，表示到达相应的楼层，且同时控制打开相对应电梯门。电梯开门 3 s 后自动熄灭。

三层电梯控制的 PAC 子程序梯形图（二）如图 6-58 所示。

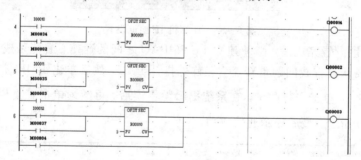

图 6-58　子程序梯形图（二）

说明：图 6-58 为内选呼应控制，点击相应的楼层，其楼层指示灯亮 3 s，随后自动熄灭。

三层电梯控制的 PAC 梯形图子程序（三）如图 6-59 所示。

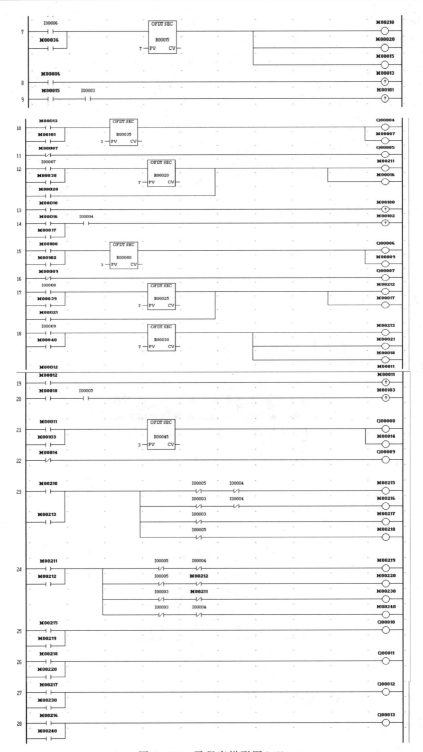

图 6-59　子程序梯形图(三)

**说明**：7～22 段程序为电梯升降的控制程序，每个楼层的上、下独立控制，且利用常闭开关，在开门信号灯打开的时候，关门信号灯熄灭。开门状态保持 3 s 时间，是利用上升沿和断开延时定时器来实现(分别为 8、9、10、11；13、14、15、16；19、20、21、22 段程序，每 4 段程序控制一层楼的电梯门的开关)。

第 7、12、17、18 段程序实现了电梯轿厢的呼叫，也就是上下的问题，第 7 段程序实现了一楼上呼叫，第 12 段实现了二楼上呼叫，第 17 段实现了二楼下呼叫，第 18 段实现了三楼下的呼叫。每一次的呼叫电梯相对应的指示灯会亮 7 s，代表着电梯上升或下降到目标楼层的过程。等到上升或下降指示灯熄灭，则代表到达。到达后关闭上一层的行程开关，打开目标楼层的开关，电梯门打开，模拟人出过程。

第 23～28 段程序实现了电梯停在三楼，一楼和二楼分别呼叫；电梯停在一楼，三楼和二楼的分别呼叫。在上升过程中，上升指示灯亮；在下降过程中，下降指示灯亮，时间是 7 s，代表运行到目标楼层的时间。当运行时间结束后，则可打开目标楼层的行程开关，但是首先要关闭上一层的。

3) 程序下载及调试

在编辑好程序后，就可以进行再次通信，通信完成后，单击工具栏亮着的绿色小手 ，然后单击下载程序的按钮 ，出现如图 6-60 所示的选择下载内容对话框，此时需要关闭 CPU 保持在停机状态。初次下载时，应将硬件配置以及程序均下载，下载完毕后，单击"OK"按钮即可。在程序下载完成后，将 CPU 的转换开关打开到运行状态，即可在线监控外部设备状态。

图 6-60　选择下载内容

## 6.2.3　触摸屏与 PAC 的通信控制

### 1. 工程配置

首先需要添加触摸屏工程，在 Proficy Machine Edition 软件中，右键单击已经建立好的工程名称，选择"Add Target"→"QuickPanel View/Control→"QP Control 6″ TFT"，建立一个 QuickPanel View/Control 标签，默认为 Target2，如图 6-61 所示。

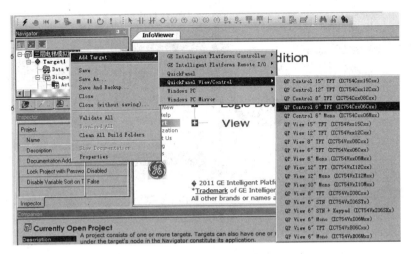

图 6 - 61  触摸屏工程的建立

在上述操作完成后，会弹出名称为 Target2 的工程，首先右键单击 Target2，在下拉菜单中选择属性设置，出现如图 6 - 62 所示的对话框。在"Computer Address"中输入一个新的 QP 的 IP 地址，必须与前面 PAC 以及 PC 的 IP 地址不同。将"Use Simulator"选择为"False"，若选择为"True"，下载运行时不写入 QP，而使用软件在计算机上进行仿真。

右键单击"Target2"，在弹出的菜单中选择"Add Component"→"HMI"，打开编辑画面，如图 6 - 63 所示。

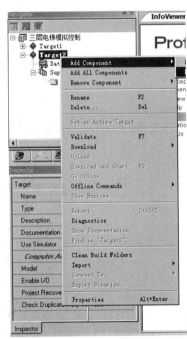

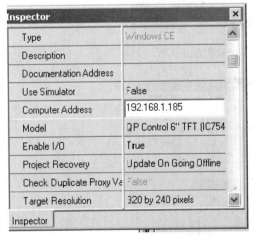

图 6 - 62  触摸屏 IP 地址的添加

图 6 - 63  打开编辑界面

在组态软件左侧的菜单中找到"PLC Access Drivers"，然后右键单击，进行如图 6 - 64 所示的一系列操作，添加相应的驱动。

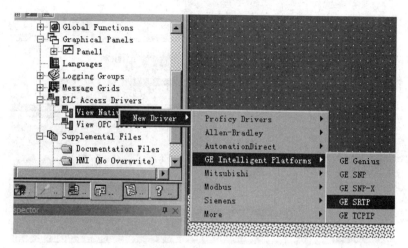

图 6-64 添加驱动

驱动添加之后还需对其进行属性设置，在"GE SRTP"下选中"Device1"，右键单击它，选择"Properties"，如图 6-65 所示。在属性设置对话框中，将"PLC Target"选择为 PLC 标签 Target1，并在"IP Address"栏中填入 PAC 的 IP 地址，如图 6-66 所示。

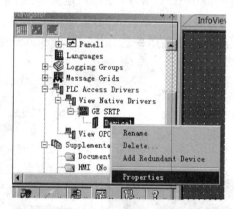

图 6-65 "Device1"的右键菜单

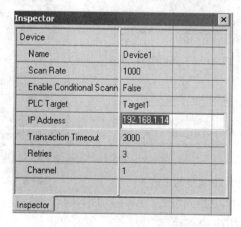

图 6-66 设置驱动属性

同时，还需要在触摸屏上设置通信用的 IP 地址，点击触摸屏左下角的"START"按钮，在弹出菜单中选择"Network and Dial-up Connections"，在弹出如图 6 - 67 所示的新菜单中双击"LAN1"图标，然后在 IP 输入栏中输入图 6 - 62 中设置的触摸屏 IP 地址，即"Computer Address"栏中填写的地址。

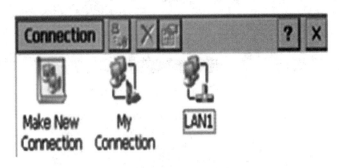

图 6 - 67 "Connection"窗口

**2. 建立组态画面**

在左侧菜单栏中选择"Graphical Panels"，然后双击下拉菜单中的"Panel"即可打开组态编辑画面，在其中进行相应的画面组态编辑。右键单击组态画面，选择相应的属性设置，可以根据个人需要设置不同的画面，如图 6 - 68 所示。

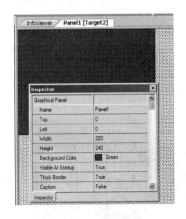

图 6 - 68 组态编辑窗口

在画面中可以显示或者关闭工具栏，选择菜单"Tools"→"Toolbars→View"，如图 6 - 69所示，可显示工具栏。

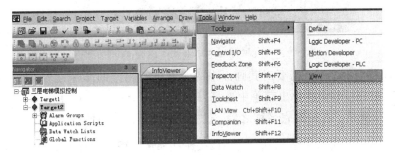

图 6 - 69 显示工具栏

选择菜单"Windows"→"Apply Theme",如图 6-70 所示,即可进入如图 6-71 所示的开发环境选择界面。在图 6-71 中,如果编辑 PLC 程序,则需切换到"Logic Developer PLC";如果需要编辑 QP,则切换到"View Developer"。

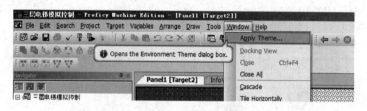

图 6-70　进入主题切换选择菜单

图 6-71　开发环境选择界面

在图 6-71 中选择"View Developer",根据具体要求建立组态画面,在三层电梯控制中,建立的组态画面如图 6-72 所示。

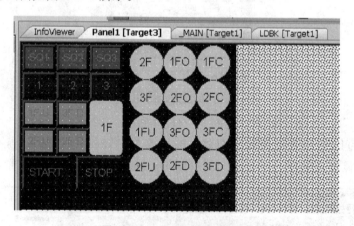

图 6-72　三层电梯组态画面

组态画面建立好之后,需要对其画面中的元素进行相应的属性设置。比如按钮名称编辑,右键单击相应按钮,在弹出菜单中选择"Edit Text",可以为按钮重新命名,例如 SQ1 等,如图 6-73 所示。在编辑完名称之后,双击按钮即可进行属性设置,如图 6-74 所示,单击"Variable Name"右侧的 按钮,选择该按钮在梯形图程序中具体所对应关联的地址,例如 I00001 等。按照同样的方法依次为其他按钮进行属性设置,还可以改变按钮的颜色等。

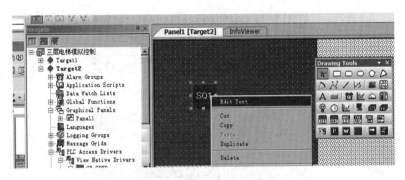

图 6-73 按钮名称修改菜单

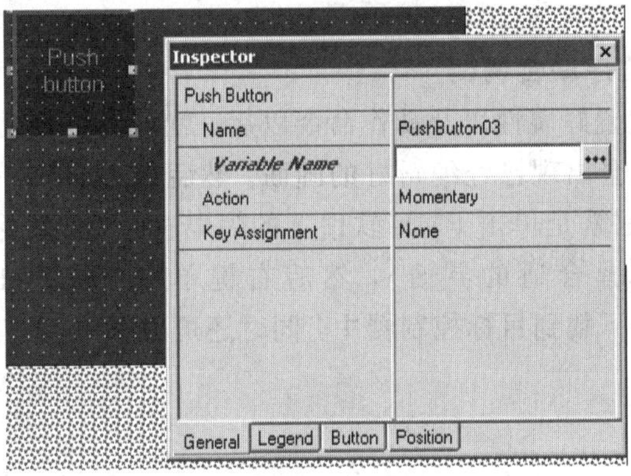

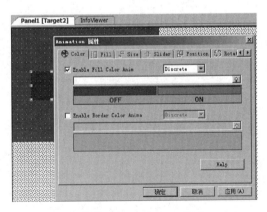

图 6-74 按钮属性设置

用同样的方法还可以为画面中其他元素添加属性以及进行相应动作连接。双击相应元素，弹出属性设置的对话框，选中"Color"选项卡中的"Enable Fill Color Animation"选项，单击下方的小灯泡按钮，单击"Variable"按钮，在下拉框中选择对应的变量即可进行相应的设置，如图 6-75 所示。

图 6-75 颜色属性设置

在图 6-75 中，还可以设置触摸属性。选择 Touch 标签，选中"Enable Touch Action Animation"，同时需要输入与动作相联系的变量，可以在右边下拉列表选择变量相关联的动作类型。"Link with key"选项可以选定动作相关联的快捷键(可不用)，如图 6-76 所示。

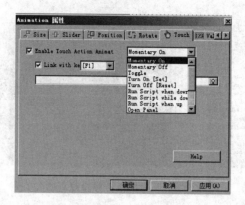

图 6-76　动作属性设置

**3. 上位机监控及程序联合调试**

　　在为所有的元素配置好属性以及动作命令以后，就可以进行监控程序下载，先成功下载组态界面，触摸屏上会出现已经编辑好的画面。然后将之前编好的三层电梯梯形图程序在线下载到 PAC 中，也就是单击 PME 软件上的闪电符号（如果找不到闪电符号，则单击组态上方的 Tools，选择合适的界面），然后右键单击"Target1"，选择"Set as active Target"，就可以将程序下载到目标控制器中，同时还可以和触摸屏进行在线的联合调试。

# 第 7 章　课 程 实 验

通过本课程实验，学生可了解和掌握组态软件的使用方法，对所学的理论知识有更深入的理解和认识，具有独立设计 HMI 工程的能力。

本课程设计的实验每次时间大约 2 小时，其中的每一个实验，学生都可以自己扩展、丰富，按照实验目的和要求自己进行设计，在实验基本要求的基础上创新，丰富实验内容。实验报告要求给出各个实验项目详细的设计内容，包括画面设计过程、数据库建立以及数据连接和动画设置等等，并叙述自己的实验体会。

## 7.1　iFIX 软件的认识

**1. 实验目的**

（1）了解组态软件的功能和应用。

（2）对 iFIX 软件有初步的了解和认识。

**2. 实验要求**

（1）完成 iFIX 软件的安装。

（2）熟悉 iFIX 软件的操作界面以及各项功能的应用。

**3. 实验内容**

（1）安装 iFIX 软件。

（2）认识 iFIX 操作界面。

（3）进行 iFIX 演示系统的相关操作。

（4）建立一个简单工程，对 iFIX 软件有初步的了解。

**4. 实验结果**

安装完软件，并做一个简单的水塔水位监控画面，找出问题与不足，相互讨论，共同进步。

**5. 实验报告**

认真总结，按一定格式完成实验报告。

## 7.2　iFIX 驱动安装与配置

**1. 实验目的**

（1）学会配置 iFIX 驱动。

（2）利用系统自带仿真驱动进行数据读取和显示。

**2. 实验要求**

（1）了解 iFIX 驱动结构及驱动安装，主要完成与 GE PAC 以及西门子 PLC 驱动的安装设置。

（2）配置 iFIX 驱动。

**3. 实验内容**

（1）安装 iFIX 软件与 GE PAC 的驱动程序 GE9。

（2）安装 iFIX 软件与西门子 PLC 的驱动程序 S7A。

（3）分别进行驱动程序的配置。

（4）建立和 S7 - 300 的 PLC SIM 的连接和仿真。

**4. 实验结果**

观察与 S7 - 300 的 PLC 所建立的工程能否完成实验要求，找出问题与不足，相互讨论，共同进步。

**5. 实验报告**

认真总结，按一定格式完成实验报告。

# 7.3　iFIX 画面建立

**1. 实验目的**

（1）掌握 iFIX 画面的建立方法。

（2）对不同工程项目进行建立画面的操作。

**2. 实验要求**

（1）熟练应用不同的方法来建立画面。

（2）对组态软件的画面组态有一个新的认识。

**3. 实验内容**

（1）学习不同的画面建立方法。

（2）用不同的画面建立方法进行画面建立操作。

**4. 实验结果**

通过不同方法建立简单的画面，观察实验结果，相互讨论学习。

**5. 实验报告**

认真总结，按一定格式完成实验报告。

# 7.4　iFIX 数据库建立

**1. 实验目的**

（1）掌握 iFIX 数据库构成。

（2）建立 iFIX 数据库。

**2. 实验要求**

（1）掌握 iFIX 中标签和标签组定义。

（2）了解二级数据库标签。

**3. 实验内容**

（1）认识各种标签和标签组。

（2）认识二级数据库标签。

**4. 实验步骤**

（1）分别建立数字量输入标签、数字量输出标签、模拟量输入标签和模拟量输出标签；比如在数据库中建立一个 AI，如图 7-1 所示。建完之后，选中变量，右击，在弹出的菜单中选中刷新，后面的当前数值就会有变化。

图 7-1　建立模拟量输入标签

（2）分别在画面中建立相应的数据连接戳，和数据库中对应的标签进行连接，如图 7-2 所示。

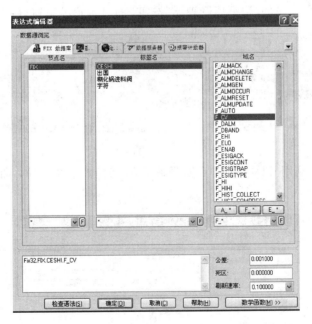

图 7-2　数据连接戳的数据源设置

（3）运行并观察相应的结果，如图 7-3 所示。

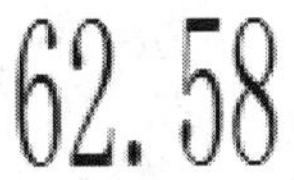

$$62.58$$

图 7-3　运行结果

**5. 实验结果**

分别建立四个不同类型的标签并运行，观察实验结果，相互讨论学习。

**6. 实验报告**

认真总结，按一定格式完成实验报告。

# 7.5　水塔水位仿真控制

**1. 实验目的**

(1) 熟悉 iFIX 软件的使用方法。

(2) 掌握 iFIX 的使用环境。

**2. 实验要求**

(1) 熟练使用 iFIX 软件。

(2) 利用系统自带仿真功能，制作水塔水位仿真控制系统。

**3. 实验内容**

(1) 认识 iFIX 软件。

(2) 建立工程并运行监控。

**4. 实验步骤**

(1) 点击应用程序中的"数据库管理器"按钮，打开数据编辑窗口，如图 7 - 4 所示。

图 7 - 4　数据库打开菜单

(2) 创建变量，利用 iFIX 中的仿真数据源 SIM 来模拟水塔液位，如图 7 - 5 和图 7 - 6 所示。

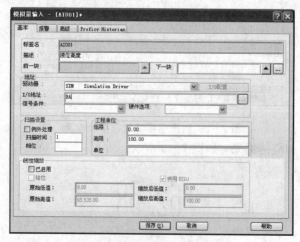

图 7 - 5　建立模拟量数据库标签

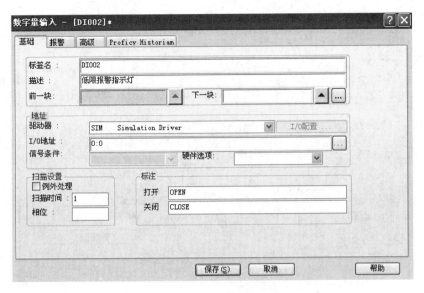

图 7-6 建立数字量数据库标签

创建好的数据库如图 7-7 所示。

| | 标签名 | 类型 | 描述 | 扫描时间 | I/O设备 | I/O地址 | 当前值 |
|---|---|---|---|---|---|---|---|
| 1 | DI002 | DI | 低限报警指示 | 1 | SIM | 0:0 | OPEN |
| 2 | DI001 | DI | 高限报警指示 | 1 | SIM | 0:0 | OPEN |
| 3 | AI001 | AI | 液位高度 | 1 | SIM | RA | 62.25 |
| 4 | | | | | | | |

图 7-7 数据库

（3）利用 iFIX 工具箱，在画面编辑中建立工程画面，如图 7-8 所示。

# 水 塔 液 位 仿 真 控 制

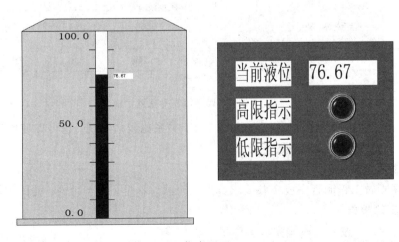

图 7-8 仿真画面

（4）双击水塔设置液位变量，如图 7-9 所示，在"基本动画"对话框中进行设置。

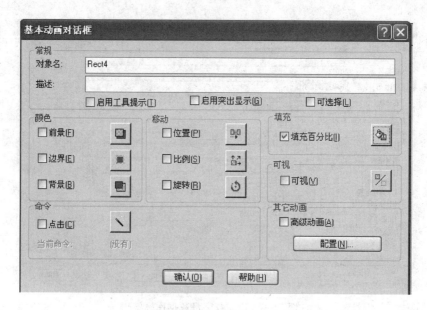

图 7-9　"基本动画"对话框

如图 7-10 所示，选择填充百分比，并在图 7-10 中添加数据源，选择填充方式等。

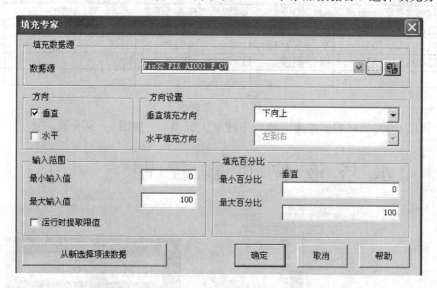

图 7-10　填充专家对话框

（5）设置高限、低限指示灯，可以借助于关系比较来实现，也可以使用计算块来实现。

（6）切换至运行，观察运行结果。

**5. 实验结果**

观察所做工程能否完成实验要求，找出问题与不足，相互讨论，共同进步。

**6. 实验报告**

认真总结，按一定格式完成实验报告。

# 7.6 指示灯的控制

**1. 实验目的**

(1) 掌握 iFIX 与 PAC 的连接。

(2) 用 PAC 控制灯的开、关状态。

**2. 实验要求**

(1) 掌握 iFIX 与 PAC 控制器连接。

(2) 利用 PAC 控制灯的开、关状态。

(3) 利用 iFIX 组态监控灯的开、关状态。

**3. 实验步骤**

(1) 建立本实验所需变量,在 iFIX 数据库中进行添加。建立的变量以及数据库如图 7-11 和图 7-12 所示。

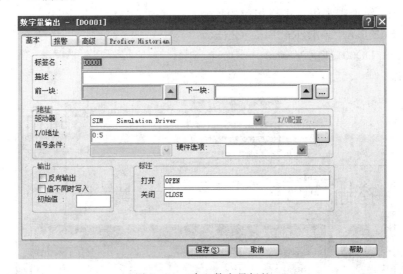

图 7-11 建立数字量标签

| 2 | DO002 | DO | ---- | SIM | 0:4 | ???? | |
| 3 | DO001 | DO | ---- | SIM | 0:5 | CLOSE | |

图 7-12 建立的数据库

(2) 运行工具箱工具,根据设计编辑本次实验所需要的画面,如图 7-13 所示。

# 小灯控制监控画面

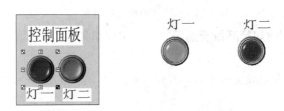

图 7-13 组态画面

建立指示灯的数据连接，如图 7 - 14 所示。

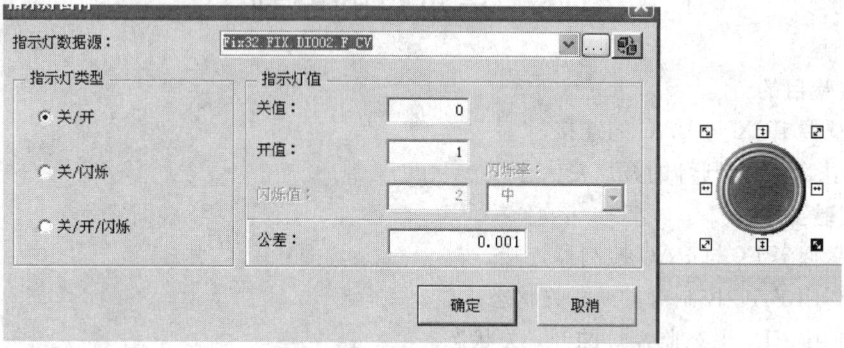

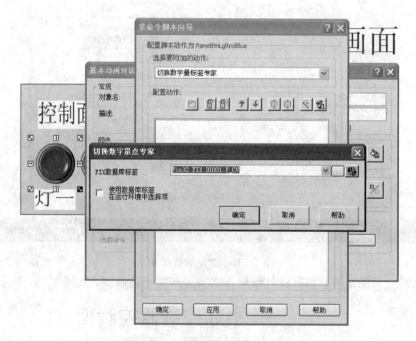

图 7 - 14　指示灯的数据连接

（3）动画连接，通过添加动画等使数据同画面相关联，从而达到组态监控的效果。用户可以使用 iFIX 提供的"切换数字量标签的状态"子程序，如图 7 - 15 所示；也可以通过右击"按钮"对象，添加脚本语言进行相应的控制。示例如下：

Private Sub PanelBtnLgRndBlue_Click()

Fix32. Fix. DO001. F_CV = 0

End Sub

图 7 - 15　动画连接过程

（4）按"Ctrl＋W"键切换系统至运行，观察实验结果。

**4. 实验结果**

观察所做工程能否完成实验要求，找出问题与不足，相互讨论，共同进步。

**5. 实验报告**

认真总结，按一定格式完成实验报告。

# 7.7  四节传送带模拟控制

**1. 实验目的**

（1）设计模拟四节传送带工作流程，并进行组态监控。

（2）学会使用 iFIX 的命令专家系统。

（3）通过调度设置四节传送带故障。

**2. 实验要求**

（1）设计四节传送带模拟画面，实时动画显示电机的启动，通过货物的移动指示系统的运行。

（2）通过按钮设置四节传送带故障。

**3. 实验步骤**

（1）建立本实验所需变量，在 iFIX 数据库中进行添加。建立的变量以及数据库如图 7-16 和图 7-17 所示。

图 7-16  建立数字量输入标签

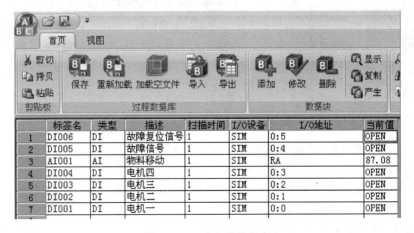

图 7-17  建立的数据库

（2）运行工具箱，编辑本次实验所需要的画面，如图 7 - 18 所示。

# 四 节 传 送 带 模 拟 控 制

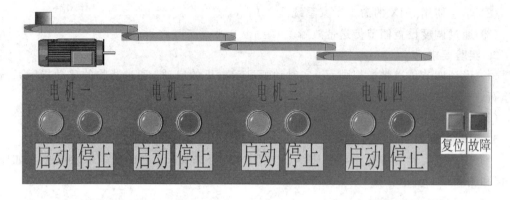

图 7 - 18　组态画面

（3）动画连接，通过添加动画等使数据同画面相关联，从而达到组态监控的效果。双击"启动"关闭数字量专家，闭合电机四，然后依次为电机三、二、一添加启动数据源。如图 7 - 19 所示。"停止"按钮也是如此添加，选择"打开数字量专家"进行配置。设置"故障"按钮，当故障信号为 1 时，所有的电机全部置 0。

图 7 - 19　动画连接过程

（4）按"Ctrl＋W"键切换系统至运行，观察实验结果。

**4. 实验结果**

观察所做工程能否完成实验要求，找出问题与不足，相互讨论，共同进步。

**5. 实验报告**

认真总结，按一定格式完成实验报告。

# 7.8 多种液体混合控制

**1. 实验目的**

(1) 结合多种液体自动混合系统,应用 PLC 技术对化工生产过程实施控制。

(2) 学会熟练使用 PLC 解决生产实际问题。

**2. 实验要求**

(1) 学会使用 iFIX 软件组态多种液体混合。

(2) 利用系统自带仿真,制作多种液体混合仿真控制系统。

(3) 根据液位设置实时报警系统。

**3. 实验步骤**

(1) 建立本实验所需变量,在 iFIX 数据库中进行添加。利用 iFIX 本身的 SIM 仿真数据器,创建本次工程所需的变量,其中混合后的总液体为液体 A+B+C 的综合。建立的变量以及数据库如图 7-20 和图 7-21 所示。

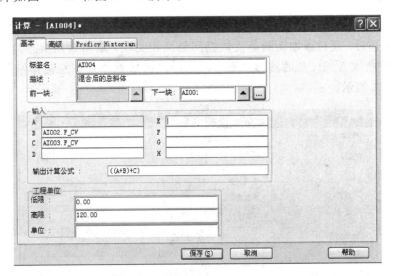

图 7-20 建立计算标签

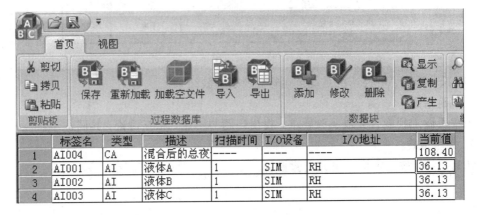

| | 标签名 | 类型 | 描述 | 扫描时间 | I/O设备 | I/O地址 | 当前值 |
|---|---|---|---|---|---|---|---|
| 1 | AI004 | CA | 混合后的总夜 | ---- | ---- | ---- | 108.40 |
| 2 | AI001 | AI | 液体A | 1 | SIM | RH | 36.13 |
| 3 | AI002 | AI | 液体B | 1 | SIM | RH | 36.13 |
| 4 | AI003 | AI | 液体C | 1 | SIM | RH | 36.13 |

图 7-21 建立的数据库

（2）运行工具箱，编辑本次实验所需要的画面，如图 7-22 所示。

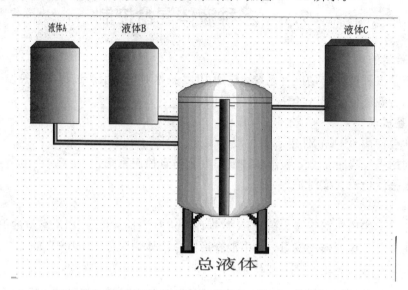

图 7-22　组态画面

（3）动画连接，通过添加动画等使数据同画面相关联，从而达到组态监控的效果。总液体的液位为液体 A、B、C 的液体总和，即 AI004 的数据添加到总液体液位填充动画当中，如图 7-23 所示。

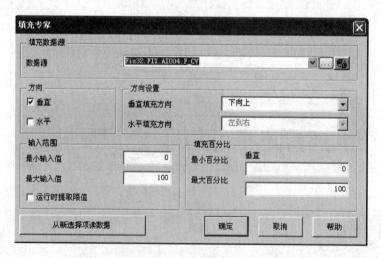

图 7-23　动画连接过程

（4）按"Ctrl＋W"键切换系统至运行，观察实验结果。

**4. 实验结果**

观察所做工程能否完成实验要求，找出问题与不足，相互讨论，共同进步。

**5. 实验报告**

认真总结，按一定格式完成实验报告。

# 参 考 文 献

［1］ 翟天嵩，刘尚争. iFIX 基础教程［M］. 北京：清华大学出版社，2013.

［2］ 郁汉琪. 可编程自动化控制器技术及应用［M］. 北京：机械工业出版社，2010.

［3］ 刘华波，王雪，何文雪. 组态软件 WinCC 及其应用［M］. 北京：机械工业出版社，2009.

［4］ 王存旭，迟新利，张玉艳. 可编程控制器原理及应用［M］. 北京：高等教育出版社，2013.

［5］ 王建华. 计算机控制技术［M］. 北京：高等教育出版社，2012.

［6］ GE Fanuc International，Inc. Proficy HMI/SCADA iFIX Fundamentals GFS－154（上），V3.0（使用手册）.

［7］ GE Fanuc International，Inc. Proficy HMI/SCADA iFIX Fundamentals GFS－154（下），V3.0（使用手册）.